6次産業化必携!!
地域水産物を活用した商品開発と衛生管理

静岡県経済産業部水産振興課　班長
博士（食品栄養科学）

平塚　聖一　編著

幸書房

発刊にあたって

　日本全国の津々浦々で様々な魚介類が水揚げされている。この中にはとても美味だが量的に少ないものや時期が限られるものなど、とても珍重されている魚介類もある。そして、これら様々な魚介類を原料として製造された水産加工品は、地域色豊かで地域の看板商品となっているものも数多く存在している。地域水産物を用いて新商品を開発することは、地域資源の有効活用はもちろんのこと、地域産業の振興に大きく貢献し、さらに人々に豊かな食生活を提供するという観点からも極めて重要なのである。

　しかし、その一方で地域水産物を原料として製品を製造している水産加工業者は、規模の小さな経営体が多いこと、素干し製品のように製造中に殺菌工程がない製品も存在するなど安全性に不安がある製品があることなど、幾つかの問題を抱えている。昨今、HACCPなどの衛生管理手法が世界的に推奨されている。中小の水産加工業者は自社製品の衛生管理を向上させたいと考えているが、設備投資のための資金不足や、工場内での人材教育が行き届かないなどの理由で、迅速な対応が難しい場合が多い。とはいえ、食品を製造する限り、衛生管理は必須である。特に、食に対する消費者の反応が敏感になっている今日では、自社製品の安全性について、消費者にしっかりと説明できるためのデータづくりは最重要課題である。

　本書は、地方の水産加工研究に長年携わっている研究者を中心に執筆者を構成し、各執筆者が直接関与した商品開発や工場調査の事例などを数多く紹介することを特長としている。第1章では、各地に水揚げされる水産物をどのような視点で商品化していくかについて様々な実例を用いて紹介している。第2章では、7種類の水産加工品を取り上げて、水産加工場で行った工場調査の結果を基に衛生管理向上のポイントについて記載している。第3章では、衛生管理の重要性と現在の工場環境を少しでもレベルアップさせるにはどうしたらよいかについて述べている。そして、第4章では赤身魚を加工にする上で必ず知っておかなければならないヒスタミンについて、第5章では消費者からの問い合わせが多くある寄生虫について、これまでに執筆者が蓄積したデータをもとに各々紹介している。

　本書は、商品開発や衛生管理の向上に取り組みたいと考えている中小水産加工業者をはじめ、現場の水産加工業を学びたい高校生、大学生にも理解しやすい内容となっている。本書が読者の生活に少しでも役立っていただければ幸いである。

　2014年11月

平塚　聖一

執筆者一覧 (執筆順)：**執筆箇所**

高木　　毅　　静岡県水産技術研究所 開発加工科長：第1章
平塚　聖一　　静岡県経済産業部 水産業局水産振興課 水産振興班 班長：第2章 2.1-2.6
小泉　鏡子　　静岡県水産技術研究所 開発加工科 上席研究員：第2章 2.2, 2.4, 第5章
森　真由美　　石川県水産総合センター 専門研究員：第2章 2.7
安藤鐘一郎　　国際衛生（株）アドバイザー：第3章
里見　正隆　　（独）水産総合研究センター中央水産研究所 主任研究員：第4章

目　　次

第1章　地域水産物を使った新商品開発—マーケティング視点で—……… 1

1.1　マーケティング視点で新商品開発を考える …………………………………… 1
　1.1.1　なぜ新商品開発にマーケティング視点が必要か？ ……………… 1
　1.1.2　最初のマーケティング視点は他人の視点 ………………………… 1
　1.1.3　生産者と消費者の意識ギャップ …………………………………… 3
　1.1.4　商品開発の視点は「売れる商品」か「売りたい商品」か ……… 3
　1.1.5　商品の発想とブランド化 …………………………………………… 4
　1.1.6　生産物では作っている人が付加価値 ……………………………… 6
　1.1.7　商品戦略を立てよう ………………………………………………… 7
1.2　6次産業化と農商工連携 ………………………………………………………… 8
　1.2.1　6次産業化事業はなぜ駄目なのか ………………………………… 8
　1.2.2　農水産物生産者の商品戦略 ………………………………………… 10
　1.2.3　6次産業化事業における事業体制の構築 ………………………… 12
　1.2.4　究極の6次産業化商品 〜「料理」〜 …………………………… 13
1.3　開発体制の確立と販路開拓 ……………………………………………………… 14
　1.3.1　新商品開発のスキーム 〜地域協議会方式〜 …………………… 14
　1.3.2　外部コーディネーターの活用 ……………………………………… 15
　1.3.3　サポーターを作る 〜「参加型」商品開発〜 …………………… 15
　1.3.4　学校給食 ……………………………………………………………… 16
1.4　小規模事業者のためのマーケティングリサーチ ……………………………… 17
　1.4.1　ターゲットの想定 …………………………………………………… 17
　1.4.2　足で稼ぐ売り場調査 ………………………………………………… 17
　1.4.3　物　産　展 …………………………………………………………… 18
　1.4.4　クレーム対応 ………………………………………………………… 19
1.5　アンケート調査を設計する 〜調査の成否がここで決まる〜 ……………… 19
　1.5.1　アンケート調査の構成要素 ………………………………………… 20
　1.5.2　アンケート調査で重要なこと ……………………………………… 20
　1.5.3　識別評価と嗜好評価 ………………………………………………… 22

1.5.4 アンケートの手法 ……………………………………………… 24
 1.5.5 商品開発におけるアンケート調査の留意点 ……………… 25
 1.5.6 アンケート結果の解析 ………………………………………… 27
1.6 地域水産物を使った新商品開発 …………………………………… 30
 1.6.1 『石廊いか沖朝漬け（いろいかおきあさづけ）』 ……… 30
 1.6.2 『山葵葉寿司（わさびばずし）』 …………………………… 32
 1.6.3 『金目鯛みそ饅頭（きんめだいみそまんじゅう）』 …… 33
 1.6.4 『さばじゃが君（さばじゃがくん）』 ……………………… 36
 1.6.5 「きんめ缶」（きんめかん） ………………………………… 37

第 2 章　地域水産物の加工技術と衛生管理 ……………………… 40

2.1 塩 干 品 …………………………………………………………………… 40
 2.1.1 製品の特徴 ……………………………………………………… 40
 2.1.2 あじ開き干しの製造工程 ……………………………………… 41
 2.1.3 工場内の衛生状況 ……………………………………………… 43
 2.1.4 衛生管理向上のポイント ……………………………………… 44
 2.1.5 製造工程の検証 ………………………………………………… 45
2.2 素干し品 ………………………………………………………………… 47
 2.2.1 製品の特徴 ……………………………………………………… 47
 2.2.2 素干しさくらえびの製造工程 ………………………………… 47
 2.2.3 製造工程中の一般生菌数の推移 ……………………………… 48
 2.2.4 衛生管理向上のポイント ……………………………………… 49
 2.2.5 製造工程中の成分変化 ………………………………………… 50
 2.2.6 国産品と輸入品との判別技術 ………………………………… 53
 2.2.7 サクラエビの判別 ……………………………………………… 54
2.3 塩 蔵 品 …………………………………………………………………… 56
 2.3.1 製品の特徴 ……………………………………………………… 56
 2.3.2 塩さばの製造工程 ……………………………………………… 56
 2.3.3 製造工程中の生菌数の推移 …………………………………… 58
 2.3.4 衛生管理向上のポイント ……………………………………… 59
2.4 煮干し品 ………………………………………………………………… 60
 2.4.1 製品の特徴 ……………………………………………………… 60
 2.4.2 ちりめん、釜揚げしらすの製造工程 ………………………… 61

2.4.3　製造工程中の生菌数の推移 …………………………………… 62
　　2.4.4　衛生管理向上のポイント ………………………………………… 62
　　2.4.5　しらす干しの原料原産地の判別 ………………………………… 65
　2.5　なまり節 ………………………………………………………………… 67
　　2.5.1　なまり節の特徴 …………………………………………………… 67
　　2.5.2　なまり節の製造工程 ……………………………………………… 67
　　2.5.3　製造工程中の生菌数の推移 ……………………………………… 69
　　2.5.4　衛生管理向上のポイント ………………………………………… 69
　2.6　練り製品 ………………………………………………………………… 71
　　2.6.1　練り製品の特徴 …………………………………………………… 71
　　2.6.2　練り製品の製造工程 ……………………………………………… 71
　　2.6.3　製造工程中の生菌数の推移 ……………………………………… 72
　　2.6.4　製造工程中における製品の中心温度の推移 …………………… 73
　　2.6.5　衛生管理向上のポイント ………………………………………… 73
　2.7　魚 醤 油 ………………………………………………………………… 76
　　2.7.1　製品と製造工程 …………………………………………………… 76
　　2.7.2　製造工程の詳細 …………………………………………………… 76
　　2.7.3　製造工程ごとの生菌数の挙動 …………………………………… 78
　　2.7.4　関連設備の衛生状況 ……………………………………………… 79
　　2.7.5　想定される危害と管理基準 ……………………………………… 80
　　2.7.6　製造工程における危害管理 ……………………………………… 80

第3章　工場環境をレベルアップするために ……………………………… 85

　3.1　絶えない食品の回収事故や自主回収の実態 ………………………… 85
　　3.1.1　食品による危害と健康被害事故 ………………………………… 85
　　3.1.2　なぜ繰り返される食品の事件・事故 …………………………… 87
　3.2　食の安全・安心を担保する一般的衛生管理前提条件 ……………… 87
　　3.2.1　一般的衛生管理前提条件とは …………………………………… 87
　　3.2.2　国際的な食の品質・安全基準 …………………………………… 88
　　3.2.3　マネジメントシステムを構築・導入・適切運用するために … 89
　　3.2.4　食品安全マネジメントシステムが一人歩きしないために …… 89
　　3.2.5　人に委ねられる一般的衛生管理前提条件の運用 ……………… 90
　3.3　従業員の意識が変われば会社も変わる ……………………………… 90

- 3.3.1 求められるトップの意識変革と率先垂範行動 ………………… 90
- 3.3.2 人の意識を変える効果的な職場改善活動の導入 ……………… 91
- 3.3.3 改善活動事例紹介 ……………………………………………… 92
- 3.4 食の安全・安心はモノづくりの現場管理が鍵となる ………………… 95
  - 3.4.1 人が主役（必要とされる従業員とは） ………………………… 95
  - 3.4.2 ルールを守る職場風土の構築（「当たり前」が守られない!!）……… 95

第4章 ヒスタミン ……………………………………………………………… 97

- 4.1 ヒスタミンの化学的特徴 ……………………………………………… 97
  - 4.1.1 アレルギー様食中毒 ……………………………………………… 97
  - 4.1.2 ヒスタミンの摂取許容量 ………………………………………… 98
  - 4.1.3 ヒスタミン以外のアミン類 ……………………………………… 99
  - 4.1.4 ヒスタミンおよびアミン類の分析法 …………………………… 100
- 4.2 ヒスタミン生成機構 …………………………………………………… 101
  - 4.2.1 グラム陰性ヒスタミン生成菌（生鮮魚介類のヒスタミン生成菌）…… 102
    - (1) 腸内細菌科 ……………………………………………………… 102
    - (2) *Photobacterium* 属 ……………………………………………… 102
    - (3) ピリドキサルリン酸依存型ヒスチジン脱炭酸酵素（PLP 依存型 HDC） ………………………………………………………… 103
  - 4.2.2 グラム陽性ヒスタミン生成菌（塩蔵・発酵食品のヒスタミン生成菌）… 103
    - (1) 好塩性乳酸菌 …………………………………………………… 104
    - (2) 非好塩性乳酸菌 ………………………………………………… 104
    - (3) その他のグラム陽性菌 ………………………………………… 105
    - (4) ピルボイル型 HDC ……………………………………………… 105
- 4.3 水産物のヒスタミン蓄積 ……………………………………………… 106
  - 4.3.1 生鮮魚のヒスタミン蓄積 ………………………………………… 106
    - (1) ヒスタミン生成と鮮度 ………………………………………… 107
    - (2) 魚種による特徴 ………………………………………………… 107
  - 4.3.2 塩蔵・発酵食品のヒスタミン蓄積 ……………………………… 108
    - (1) 魚醤油発酵中のヒスタミン蓄積 ……………………………… 109
- 4.4 ヒスタミン蓄積抑制法 ………………………………………………… 110
  - 4.4.1 生鮮魚介類におけるヒスタミン蓄積抑制法 …………………… 110
  - 4.4.2 塩蔵・発酵食品におけるヒスタミン蓄積抑制法 ……………… 111

(1) 発酵スターターの利用 ………………………………………… 111
　　　(2) 発酵環境中のヒスタミン生成菌の低減 ……………………… 112
　4.5　ヒスタミンに対する基準値と試料採取法 ……………………… 113
　　4.5.1　各国のヒスタミンに対する基準値 …………………………… 113
　　4.5.2　サンプリングに関する問題点 ………………………………… 114

第5章　寄生虫 …………………………………………………………… 117

■　健康被害の報告事例がある寄生虫 ………………………………… 119
　　(1) アニサキス（線虫類の幼虫）………………………………… 119
　　(2) シュードテラノーバ（線虫類の幼虫）……………………… 120
■　人体に寄生した報告事例のない寄生虫 …………………………… 121
　　(1) 粘液胞子虫類のシスト：持ち込み事例が最も多かった寄生虫 ……… 121
　　(2) ディディモゾイド（吸虫類の成虫）………………………… 123
　　(3) ペンネラ（カイアシ類）……………………………………… 124
　　(4) フィロメトロイデス（線虫類の成虫）……………………… 125
　　(5) 等 脚 類 ………………………………………………………… 126
　　(6) テンタクラリア属またはニベリニア属の幼虫（条虫類）………… 128
■　異常肉について ……………………………………………………… 128
　　(1) ジェリーミート ……………………………………………… 129
　　(2) 原因不明の異常肉 …………………………………………… 131

第1章　地域水産物を使った新商品開発
―マーケティング視点で―

　本書では2章以降は地域水産物の衛生について記述しているが、商品開発手法という意味では農産物も水産物も同じなので、ここでは両者をまとめた形で、生産者による6次産業化や小規模加工業者による、マーケティング視点に基づいた新商品開発について述べる。地域農水産物を原料に用いるということは、産地と生産量が限られるため大手企業が参入しにくい分野でもある。したがって、小規模事業者にとっては地域農水産物を使うことは有望な新商品の素材となりうる。長く続いたデフレ経済の影響で定番生産品の価格が採算限界に抑えられ、新商品開発に活路を見出そうとしている中小企業や、水揚げの減少、経費の上昇から、6次産業化に活路を見出そうとしている漁業者の一助になれば幸いである。

1.1　マーケティング視点で新商品開発を考える

1.1.1　なぜ新商品開発にマーケティング視点が必要か？

　マーケティング視点に基づいた新商品開発は大手企業では一般的に行われているが、小規模事業者でマーケティング分析を行うことは稀である。これは、専門的なマーケティング分析を行うには専門的な知識と労力と経費が必要であり、これらのどれもが小規模事業者にとっては荷が重いものだからである。一方、マーケティングの本質的な目的は「儲ける」ことであるが、マーケティングに「この通りにすれば売れる」という王道はない。はっきり言ってしまえば、マーケティング分析を行っても売れる商品ができるわけではない。商品開発において、マーケティング分析の目的は開発の成功確率を上げるために、売れそうもない新商品企画を排除するためにある。マーケティング分析で必ず儲かる新商品は予測できなくとも、儲かりそうもない新商品はある程度予測できる。体力のない小規模事業者であるほど、売り出した新商品が外れればダメージが大きく、無駄な開発・投資を防ぐリスクコントロールが大事で、大手のような本格的なマーケティング分析とまではいかなくとも、できる範囲のマーケティング視点で新商品開発を考えることが必要になってくる。

1.1.2　最初のマーケティング視点は他人の視点

　小規模事業者に専門的な知識と労力と経費がなくても、できることはいくらでもある。例えば新商品のアイデアが浮かんだら、まずはそのアイデアを検証してみよう。［マーケット

マーケットが大きい		あじ開き塩干 （量販：廉価）
マーケットが小さい	焼いたあじ開き塩干のレトルト （カタログ販売）	焼魚レトルト （空港販売：高価） 骨なし開き塩干 （量販：安価）
	競合商品がない	競合商品がある

図 1.1 新商品アイデアの位置づけ
競合商品は具体的な商品名を記入してもよい

が大きい・小さい］［競合商品がある・ない］で区分した4つのマス（**図 1.1**）のどこに入るか、また既存の類似商品がどこに入っているか、自分の考えだけでなく家族、従業員にも聞いてみる。できるだけ多くの人に聞いた方がよい。競合商品がある小さいマーケットは、その競合商品に勝たなければならない。大きいマーケットで競合商品がないのは何か問題があるか、マーケットが本当にあるのか考え直した方がよい。また、大きいマーケットでは、仮に問題がなく一時的に商品が売れたとしても、すぐに他の大手が参入してくるため設備投資には大きなリスクが伴う。競合商品がある大きいマーケットは価格（体力）勝負の戦場であり、参入する旨味が少ない。

したがって、「売れる」可能性が一番高いのは競合商品がない、小さいマーケットとなる。この場合、何か問題があって競合商品がないのか、単にマーケットとして魅力がないのかを見極める必要がある。可能性があるのは、競合商品がなく、問題があっても自分はその問題をクリアできるという場合である。この、自分だけが問題をクリアできるということこそが差別化であり、商品化する価値があると認められる。以上の検討は、自分の足

＊『まるごとくん』

『まるごとくん』は、20年ほど前に沼津のあじ開き製造業者と静岡県水産試験場（当時）が共同開発した商品である。あじ開きを焼いてレトルト処理することで常温保存と、頭も骨も丸ごと食べられることを訴求した商品である。当時、焼き魚のレトルトは海外旅行者向けに空港で販売しているものがあるくらいで、1,000円/枚と高価であった。魚も焼き鮭などの骨を除いたもので、これは骨がピンホールの原因になるためであった。さらに、アジは皮側のゼイゴもピンホールの原因となるため、あじ開きのレトルト商品は存在しなかった。また、消費者の簡便化嗜好が高まるなかで、頭と骨を除いたあじ開きも商品化されていたが、通常品（100〜200円/枚）の二級品扱いとされてあまり人気がなく、価格面と販売数量で魅力を欠いていた。本商品は、当時の焼魚レトルト商品としては比較的安価（350円/枚）で、販売チャンネルを生協宅配などのカタログ販売中心に絞り、骨の苦手な高齢者を中心に支持を広げ10年かけてマーケットを開拓していった。

で稼ぐ調査と聞き取り調査、ブレインストーミング※1で可能なので経費はほとんどかからない。ただし、閃いた本人はアイデアに酔っているので正しい判断ができていない可能性もある。

そこで、大事なことは常に客観的に見ること、観察と他人の視点がマーケティング視点の第一歩となる。ここで企画を取り止めても何も損害はない。さらに、頭と足を使ったことは、今後の企画の肥やしにもなる。

1.1.3 生産者と消費者の意識ギャップ

商品開発に他人の視点が必要な理由の1つは、生産者と消費者の間に意識ギャップがあるためである。消費者の嗜好の変化に生産者が気付いていないケースが、多々見られる。やや古い調査結果だが、生産者と消費者によるウナギ蒲焼の食味嗜好を調べた結果では、ウナギの生産者は脂の乗ったこってりとしたウナギを高評価していたのに対し、一般消費者はむしろ脂の少ないあっさりとしたウナギを好んでいた。また、養殖マアジと天然マアジの刺身の試食アンケートでは、水産業に関係がある人はほぼ全員が天然マアジを高く評価していたのに対し、水産業に関係のない人で高評価を得たマアジは、天然と養殖が半々となっていた。

このように、業界の関係者の評価と一般の消費者の評価は異なっている例も多く、生産者の思い込みによって販売機会を減らしている可能性がある。したがって、製品の評価を関係者だけで行うことは正しい評価が得られない場合が考えられ、本来は実際の購買層の評価を得ることが最も望ましい。しかし、それが難しいことも事実である。

1.1.4 商品開発の視点は「売れる商品」か「売りたい商品」か

商品開発のお手伝いをしていると、「売れる商品」開発をしたいと言いながら「売りたい商品」開発を目指していることが多い。「売れる商品」とは消費者が買いたくなる商品であり、消費者にとってメリットの大きい商品である。ところが事業者の目指す「売りたい商品」は、原料が安く手に入るとか、加工の際に捨てる部分で作った商品とか製造者のメリットが商品開発の起点になっている。このように、製造者の視点だけでは「売れる商品」は作れない。

そこで、企画した商品が「消費者にとって」どのようなメリットがあるか書き出してみよう。どのようなものでもよい、できるだけ多く書き出すことが必要である。そして、それを家族や従業員、知人に見せて、他人の視点で魅力的と思うかを聞いてみればよい。このとき書き出したメリットが実際の商品の訴求ポイントになるが、他人が納得する大きな

※1：ブレインストーミング：(brainstorming) 数名のチーム内で1つのテーマに対しお互いに意見を出しあうことでたくさんのアイデアを出し、問題の解決に結びつける創造性開発技法のこと。

メリットがなければ商品化する価値がないことになる。また、評価を聞く際、意外に役立つ意見（ニーズ）をもらえることもあるので、できるだけ多くの人の意見を聞いてもらいたい。その際、そのアイデアをライバルに知られないように気を付けることは当然である。

マーケティング用語に「顧客満足度」というものがある。顧客満足度を上げる最も安易な方法は「低価格」であるが、理論的には価格に見合う付加価値があれば「価格」＜「付加価値」となることで顧客満足度は上がり、売れるようになる。

もう1つ、わかりやすい顧客満足度が上がる付加価値として、「ブランド」（次項で詳述）がある。特に、同じものが作れてしまう工業製品において、「ブランド」は大きな訴求点となる。ところが食品においては、全く同じものを作ることが難しい。地域水産物を使った商品であればなおさらである。「味付け」などの消費者の価値観も多様であるため、同じジャンルで多数の類似製品が共存できる。

工業製品においては「ブランド」に同じ商品規格かつ同価格で対抗することは至難の業であるが、食品分野の「ブランド」は絶対的なものではない。「ブランド」に代わる付加価値があれば誰にでもチャンスはある。価格破壊などの消費者に迎合した安易な「売れる商品」を目指すのではなく「売れる、売りたい商品」を目指すことができるはずである。

1.1.5　商品の発想とブランド化

商品は単なるモノではない。その構成要素としては、大きく分けて①モノ②情報③イメージ④サービスの4つに大別される。1つめの「モノ」は目に見える商品そのものであり、品質、形状、内容量、包装、価格などである。2つめの「情報」は産地、製造方法、添加物、栄養成分、生産者名などで、これらは生産者が事実を正確に消費者に伝えなければならない「知識」である。ここであえて知識といったのは、情報は消費者に「認識」、「記憶」されて初めて商品を構成するからである。また、認識が有効なのは商品が目の前にある場合で、リピート（再購入）を目指す場合には記憶されている必要がある。したがって、目印となる商品名や包装デザインなども「情報」を構成する要素の1つとなる。

一方、3つめの「イメージ」は消費者が勝手に抱くものであり、それらを誘導するためのツールとして、シンボルマーク、生産者の顔、伝統、背景といった商品ストーリーなどの、全ての商品に記載義務のある一括表示情報以外の様々な「情報」が存在している。

最後の「サービス」は、アフターケアやポイント、受注配送システム、販売手段など無形の付加価値である。したがって、新商品の開発とはモノを新しく創り出さなくても可能なのである。むしろ、モノ以外の部分に付加価値を付ける方が、新たに生産体制を構築しないで済むことから、より現実的かもしれない。

また、モノには必ずコスト（価格上昇）が伴うので、モノで付加価値を高めるよりもモノ以外の部分で付加価値を高めた方が「売れる、売りたい商品」を目指すことができる。例

えば、従来は店舗販売で行ってきたものをインターネット販売に切り替えた商品は、モノが同じでも新商品である。ただし、ただ売り方を変えただけでは「商品の魅力＝付加価値」が高まったとは言えない。魅力が低ければ売れないのは当然である。販売方法の変更は「サービス」の変更であるから、変更によってサービスが向上し、顧客満足度が上がらなければ意味がない。この場合、消費者にとってのネット通販の最大のメリットは利便性であるから、決済や商品発送で他社よりも優れていなければいけないし、対面販売でない以上、信用の担保といった配慮が欠かせない。さらに、プラスの「サービス」が消費者にとってメリットがあること、それが他社よりも優れているという顧客満足を生み出す作業が新商品開発であるということを忘れないでほしい。

新しい「サービス」の創出は、現存商品のどこに消費者が不便を感じているか、あったら便利なものを自ら一人の消費者になって考える、身近な人の意見を聞くという意識を、常日頃から持ち続けることが肝要である。「サービス」の変更は視点を変えると面白い発想になることも多いので、新商品の発想法として是非一度試してもらいたい。

一方、「イメージ」は直接、生産者が創ることができないものである。しかし、地元に限定される水産物（例えば「駿河湾サクラエビ」等）を使った商品などを産地で提供する（**図1.2**）ことにより「本物」「本場」という消費者イメージを、「情報」により誘発させることはできる。このようなことは、消費者側に実感が伴うことで価値が固定化されていくが、その価値水準は個人差があるとともに絶えず変動するものであり、一定水準の価値を持つ「イメージ」が消費者の共通認識となったときに「ブランド」[※2]と呼ばれる。この本物の価値を持つ「イメージ」を生産者が直接創ることができない以上、本来、ブランドも生産者が直接創ることができない。

かつてはTVコマーシャルなどのマスメディアを使って、消費者のイメージを操作しようする広報戦略が主流の時代もあった。最近では、ネット上で故意に良い口コミを流すステルスマーケティング[※3]などの手法も見られるが、ブランド化という言葉に騙されてはいけない。なぜならば、これらの広報戦略によるブランド化活動は商品を構成する「情報」の操作に他ならず、得られる「イメージ」

図1.2 由比港漁協「浜のかき揚げや」
漁期中しか営業しないが、本物志向で人気

※2：ブランド：商標やメーカー名を「ブランド」と称することも多いが、これらはブランドイメージを誘導するためのツールである。確立した「イメージ」を伴わないブランドツールには付加価値が存在しないため、ここでは消費者の抱くブランドイメージそのものを「ブランド」と表記している。

※3：ステルスマーケティング：(stealth marketing) 特定商品の宣伝であることを、消費者に気づかれないように行う宣伝、広報活動のこと。

も幻想に過ぎないからである。

　実体を伴う「イメージ」は創るのではなく、時間をかけて育てる顧客の信頼であり、育てる対象は商品の顧客であることを忘れてはいけない。顧客を忘れたときブランドが失墜することは、偽装など数々の事件が示している。また、「顧客を育てる」という視点がなく、キャラクターなどのツール作りに主眼を置く数多くの官製のブランド化事業には、目立った効果が見られないことも当然といえよう。

1.1.6　生産物では作っている人が付加価値

　モノ以外の付加価値が販売を支えている例を紹介する。

　静岡県内の某ぶどう生産者は、直販率が非常に高い。その販売方法は、客が収穫体験（ぶどう狩り）をして収穫物を買い取るというやり方である。生産者直売であるにも関わらず価格は高い。正直、味は月並みである。（近所のスーパーのぶどうよりは美味しいが、近隣の有名産地である山梨の農園と比べれば落ちるかもしれない。少なくとも山梨の方が品種も多く楽しい。）しかし、売れている。そこでその理由を知るために、この生産者の協力を得て、購入者に対し顧客満足度アンケートを実施させてもらった。

　その結果、この農園ではリピート率が異常に高かった。短い収穫シーズンに同じ人が何度も購入に訪れているのである。来園者の多くが車で1時間以内の周辺市町村に居住しており、観光客でないことがわかる。リピート理由として、生産物の評価があまり見当たらないことが特徴で、突出して多かったのは、接客を担当する農場主の奥さんの人柄に対する評価であった。また、新たな顧客の多くは口コミで獲得しており、生産者の情報を付けて商品を紹介していることがうかがわれる。

　農水産物に限らず、日本の生産物は総じてレベルが高い。一部のトップブランドを除いて、生産物で優劣を争うのは難しいかもしれない。例えば、魚であれば日本中の多くの漁業者が鮮度を「売り」にしているが、消費者からみれば「鮮度が良くて当たり前」となっており、その上の付加価値、差別化が求められている。しかし、生産者は必ず違い、同じ人間ではない。だから差別化は当然のこととしてできるのではないか。そこで、農産物では「顔の見える商品」として文字通り、生産者の顔写真を付けることが一時流行ったが、ただ商品に写真が付いていても商品価値が上がるわけではない。「生産者を明らかにして生産物に責任を持つ」という行為と、商品に責任を持てるという自負が付加価値なのである。

　生産者の差別化とはその存在ではなく、何を考え行動しているかという実績、すなわち行動が重要なのである。農協の指導があったからではなく、自らの考えに基づき、自ら行動を起こさないと差別化できないのである。その行動がぶれないように、生産物を自ら販売する農家のマーケティングアドバイザーは、まず個々の農家の「経営理念」を明確に定めることから始める。そしてそれは、農業以外の事業者にとっても同じことである。一介

の会社なら必ず社訓や社是があるに違いない。

1.1.7　商品戦略を立てよう

まずは仮想店舗の売り上げを考えてみる。模式的な店の売り上げの計算式は

$$売り上げ＝来店客数\times購入率\times客単価$$

となる。

したがって、この商店の売り上げを上げるためには「来店客数」「購入率」「客単価」のいずれかを上げればよいことになる。さらに、客単価は1人当たりの「商品種数×購入（販売）個数×商品単価」である。ところが、相談にくる事業者は開発商品の「単価×販売個数」だけを見ていることも多い。実際の商店の商品構成は、「来店客数」を上げるための看板商品や限定品、特売品など、「購入率」を上げるための試供品、サービスポイントなど、「客単価」を上げるための関連商品、セット販売などを組み合わせて構成されている。

「来店客数」を上げるための商品では、単品の採算性が度外視されていることも多い。極端な例となるが、人間国宝の職人のいる工房の商品は、たとえ本人の手が入っていなくても高い付加価値を有し、工房に大きな利益をもたらすであろう。食品加工事業者であれば、人間国宝は夢としても品評会入賞や大きなイベントで賞を獲って、その後商品が指名採用されることなどは実際にあり（コラム参照）、そのような看板商品は、採算割れであっても事業者の技術の高さや志の高さを消費者にアピールするツールとして割り切る必要がある。したがって、これらの商品は積極的に売ってはいけないし、売れなくてもよい。売りたいのは、これらの量産バージョンであるレギュラー商品（普及版）であり、儲け率の高い商品である。

また、豊富な商品バリエーションは幅広い顧客ニーズを掴んで「購入率」を上げる。簡単に商品バリエーションを増やす方法としては、「シリーズ商品」がある。シリーズ商品はレシピ（味付けや添加素材）を変えるだけで同じ生産設備を利用でき、さらには同じ販売棚

＊国際会議で採用、注目された日本酒『磯自慢』

静岡県焼津市の地酒『磯自慢中取り純米大吟醸35』は2008年7月に開催された洞爺湖サミットの乾杯酒として採用され、全国的に有名になった。単体では「赤字」と酒蔵自身も言っているが、毎年1,000本の限定生産でほとんど手に入らない。国際会議での採用がその品質を公認し、かつその希少性が顧客の飢餓感を煽ることでブランド価値を高めている。さらに、そこまで希少ではない『磯自慢純米大吟醸』でも予約しないと手に入らず、同じ銘柄で値ごろな吟醸酒が売れている。また廉価版「二級磯自慢」であっても同じ「磯自慢」ブランドであり、豊富な商品バリエーションは幅広い顧客ニーズを掴んで「購入率」を上げている。魚の粕漬けに使うととても美味しいので（個人的にも気に入っている）「磯自慢の酒粕」は、直接酒蔵へ行かないと買えない上、いつでも買えるものではないので、知る人ぞ知る「限定商品」となっている。

でスペースを確保して存在感を示せるという効果もある。これらはセット商品にして「客単価」を上げる、という戦略も考えられる。

さらに、いつ買えるかわからないため、顧客の来店回数を上げ「来店客数」を上げることになる「限定商品」は、「看板商品」同様、訴求度の大きい（欲しくなる）商品でなければならないが、値ごろ感も重要である。

このように新商品を考える場合には、今ある商品構成を考えて、「来店客数」「購入率」「客単価」のどれを向上させる商品が必要なのか、どのカテゴリーを目指すのか戦略を考えると企画を立てやすい。それにより、生産ロット、価格採算性、訴求点などの要求レベルがある程度明確になる。特に、生産者（小規模事業者）が直販を行う場合は来店数を増やすため、商品ラインナップを広げる必要が出てくる。このように、商品構成を考えて商品に役割を持たせるという戦略的視点は、地域農水産物生産者の新商品開発においては特に重要なので、次節で改めて述べる。

1.2 6次産業化と農商工連携

1.2.1 6次産業化事業はなぜ駄目なのか

水産における6次産業化事業には成功例が少ない。成功というほど事業として成り立っていない。成功例と言われる事例の多くで規模が小さく、将来事業拡大の見込みもない。

6次産業化商品は、基本的に生産者視点の商品企画である。なぜならば、消費者に関係なく売るべきものが既に決まっているからである。自分の生産した農水産物が原料にならない6次産業化商品はありえない。しかも、この原料は限定レベル（生産者、時期、規格）が非常に高い。勢い、原料に対する思い入れが強くなる。このような商品は大抵、その訴求

＊生産者視点の「付加価値」と消費者視点の「顧客満足」

生産者視点の「付加価値」を「アイデア」という。アイデアはカタログスペック（カタログで公表している性能）上の優位性でしかない。「アイデア」が消費者にとってどのような価値があるか、消費者視点で言い換えたものが「ベネフィット」である。自動車なら「広い車内」がアイデアで、「折り畳まずに自転車が積める」が「ベネフィット」になる。消費者に訴求するのは「アイデア」ではなく「ベネフィット」でなければならない。「高い車高」よりも「立ったまま乗り降りできる」ことであり、「世界最薄最軽量のスマホ」ではなく「ワイシャツの胸ポケットで存在感を主張しないスマホ」となるわけだ。

「ベネフィット」は消費者が得られる顧客満足の提案であり、その提案が多くの消費者の共感を得ることができればヒット商品になる。最近、日本の電化製品が売れない理由の1つに、製品の訴求点が「アイデア」にすぎず、消費者視点ではオーバースペック（機械などに多くの性能を取り入れすぎること）の「アイデア」が「ベネフィット」（商品から得られるメリット）と乖離していることが指摘されている。

ポイントを商品の品質に求める。そのため、「原料にこだわり」「季節限定」といったコメントが商品に付くことになるだろう。原料生産者が加工を行うことが前提の6次産業化商品は、ほとんどがこれに当たる。

生産者はさらに、加工にもこだわる。良い素材を活かすためには加工方法が重要だから

【事例】売り場と生産者の想いのすれ違い

後で取り上げる『さばじゃが君』(1.6.4) の開発で、販売を予定していたコープしずおかに対するコンセプトアンケート調査結果を下に示した。これは商品のコンセプト（売り場において消費者にアピールする訴求点）としてどれが相応しいかを、試作品を試食後にアンケートした結果である。最初の企画が 2012 年の「ユネスコ協同組合年」記念事業による商品開発のため、「生協・漁協・農協が共同企画」の評価が高いことはさておき、生産者サイドで近年言われてきた「生産者の顔が見える商品（トレーサビリティ）」、「旬の素材」、「ブランド農産物（素材）」や水産庁が現在推進している「手間なく気軽に魚（ファストフィッシュ）」が軒並み、あまり評価が高くない。一方、評価が高かったのは「主原料は県内産（地産地消）」、「今までにない魚50%超（のコロッケ）」であった。また、「現在は商品価値の無い空洞果（を使用）」「現在はほとんど廃棄（原料）」という資源有用利用、生産者支援のコンセプトの評価が高かったことは、生協の持つ特殊なポリシーを反映していると言え、同時に低い評価もあったことは、理念としてはよいが販売に関してはネガティブであることを示している。

これらの結果から読み取れるのは、スーパーの売り場には「旬の素材」、「ブランド農産物」、「ファストフィッシュ」商品が溢れている一方で、本当の「地産地消」商品は少なく、「今までにない」「他店には売っていない」オンリーワン商品を強く欲していることがわかる。このように、売り場の意識と生産者の意識には大きなズレがあるようである。

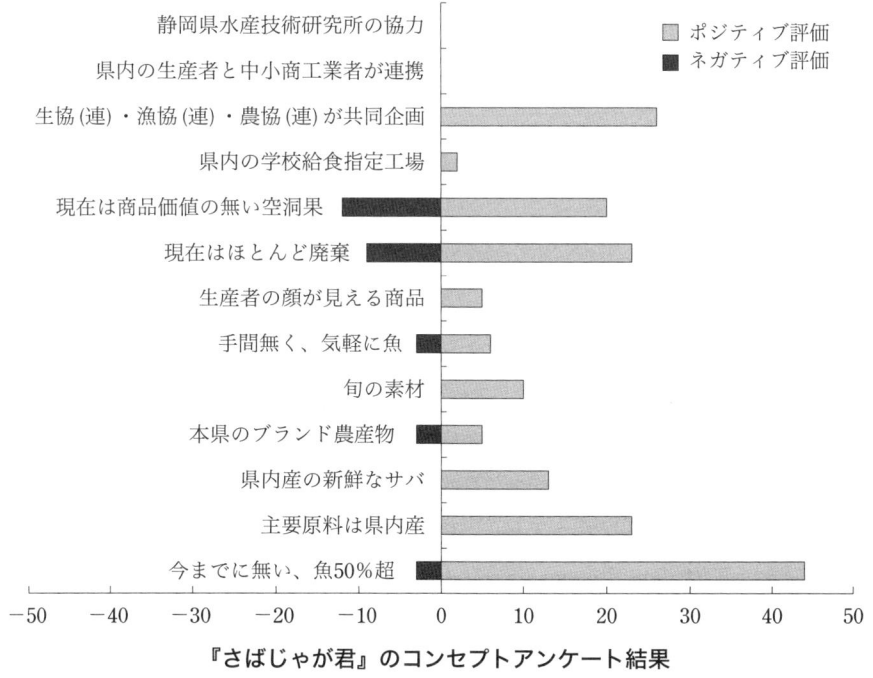

『さばじゃが君』のコンセプトアンケート結果

である。そして、本当に良いものは必ず消費者に売れるはずだと思い込んでいる。まさに「売りたい商品」の典型である。

商品は、価格と付加価値（顧客満足）の等価交換が原則であり、1.1.3 で述べたように、消費者が「価格＜付加価値」と実感できる商品が「売れる商品」である。ここで重要なのは、実際に価格と比較されるのは「カタログ上の付加価値」ではなく、「付加価値と実感できること」（ベネフィット）、すなわち顧客満足度である（コラム参照、p.8）。この「付加価値と実感できる」ことが人によって異なるため、「売れる商品」化にはマーケティング視点が必要になる。確かに、「売りたい商品」は高い品質を持っているかもしれない。しかし、それは「猫に小判」かもしれないのだ。

商品開発の基本は価格（コスト）を下げ、付加価値を上げる努力である。素材にこだわる「売りたい商品」の多くは、付加価値を（そこに顧客満足度がどの程度あるか検証せずに）素材に求め、顧客満足度を上げる努力と価格（コスト）を下げる努力を怠る。価格（コスト）を下げる努力の第一歩は原料コストの最小化であるが、そもそも国が推進する6次産業化事業は、生産者の農水産物をより高く売ることを目的としている。また、加工商品は通常、加工コストが上乗せになる一方で加工により歩留りが下がるので、生鮮品よりもかなり割高になる。勢い、6次産業化商品は価格が非常に高く、顧客満足度のハードルが同時に高くなってしまう。だから、売れない。

1.2.2　農水産物生産者の商品戦略

前項の、「売れない」6次産業化商品が目指すべき販売戦略は3つある。第1に「あまり売らないこと」である。つまり、売れなくても構わない商品を目指すことである。最高品質を目指し、品評会などで最高賞という「箔」をつけ、もともと限定なのだから容易に手に入らない看板商品にしてしまう。実際のところ、水産物は生鮮であることが一番その価値が高く、儲けが大きい。もともと加工品は生鮮品として売れないものを活用する手段であり、量販品とするためには原料価格を低く抑えないと成り立たない。したがって、看板加工商品で「来店客数」を上げ、主力商品である生鮮品の「購入率」を上げる商品戦略の視点が必要である。

2つ目は、商品自体をPRツールと割り切り、単独では儲からなくても全体としてプラスになるように事業化を図る。この場合、儲からないことが前提であっても赤字を出しては事業自体が継続しないため、後述の「マーケティング分析」（1.4）を是非行ってほしい。また、このモデルは商品を売らなければPRにならないので、ある程度の量産が必要になってくるが、できる限りリスクは抑えたい（次項で詳述）。

3つ目は、直売を行う生産者が品揃えを増やして、「購入率」と「客単価」を上げるための商品を作ることを目的とする。ただし、本業の生産と多種の加工品製造の両立は大変であ

り、特にジャンルの異なる商品開発はハードルが高い。そこで、一般メーカーではOEM[※4]がよく行われる。しかし、前述のとおり、地域特産品商品の場合は生産者が付加価値であるため、OEMではその最大の魅力が薄れてしまう。そこで、数軒の生産者が得意の加工品を1品ずつ持ち寄れば、加工ラインを増やさずに多品種の商品が持て、それぞれの生産者をアピールできる。例えばマス養殖であれば、燻製、甘露煮、いくら、干物と、仲間と分担することで商品が増える。これができるのは、1次生産者の競合が産地間であるため、同じ地域内では連携しやすいことがあげられる。

さらに、異業種にまで連携を広げて販売商品を増やしている例もある。静岡県では自園自製で自ら小売りを行っている茶農家でよく見られるスタイルであり、地域の他農家の産物（お茶以外の果物や野菜）を仲間の生産物として販売したり（代わりにミカン農家はお茶を売ることで販路を拡大している）、近所の和菓子店の商品を茶菓子として販売している。それらは食品に留まらず、地域の工芸雑貨などにも及び、地域の魅力を発信している。また、これらの農家の多くが通販を行っているため、消費者が購入商品を増やすことで相対的に送料を軽減できることを訴求し、客単価を上げることに貢献している。

上記のいずれも、重要なのは売りたいものが「加工商品」ではなく「原料」となる生鮮品であるということである。また、全体として儲かるためには「商品戦略」を立てることが必要であり、「加工商品」が売れても、「原料」となった生鮮品が売れなければ意味がない。ところが、売りたい「生鮮品」、特に水産物は基本的に素材であるため、どれほど品質が良くても料理（加工）が不味ければ台無しであり、評判も落ちる。日本中の多くの漁業者が鮮度を売りにしているのは何故か。鮮度は必ず時間経過とともに落ちるものであり、漁業者が目にする獲れたての前浜の魚の鮮度が一番良いことは自明である。漁業者には、消費者が口にする時の鮮度や味が付加価値の基準であることにまで思いが及ばない。漁業生産者は魚をスーパーで買わないから、意外に売り場を知らない。自分の生産物をブランド化したいと言いながら、それがどのように売られているかを知らないのである。そして目

＊「関さば」のマーケティング戦略

当初「関さば」を売り込むに当たり、確実に美味しい「関さば」を消費者に認識させるため、一般流通させずに特定の契約料理店のみに提供し、素材ではなく「料理」として商品を販売した。変化する鮮度をコントロールするために科学的根拠に基づいた魚の扱い、輸送時間と輸送方法を確立し、契約料理店の注文に合わせて魚を締める時間を調整し、夜中でも対応するサービスを行った。一方で積極的にパブリシティを活用して「ストーリー」を繰り返しPRし、イメージの差別化を図った。つまり、「関さば」の商品としての本質は「モノ」ではなく「情報」「サービス」により育てた「イメージ」にある。そのことは、同じ漁場で漁獲された同じサバが佐賀関漁協以外では全国ブランドを確立できなかったことからもわかる。

※4：OEM：(original equipmene manufacturer) 他者ブランドの製品を製造すること。

の前の魚ばかり見て、「うちの魚の方が鮮度は良い」と言っている。

　そこに目をつけたのが、今では有名となった「関さば」である。「関さば」のマーケティング戦略のポイントは、「料理」化と鮮度管理の徹底である（コラム参照）。消費者が口にする時点の品質を最高にするためのシステム、これこそが「関さば」の本質であって、表面だけを真似た後発ブランドとの差であった。いまでは「関さば」は日本の鯖の最高ブランドに君臨し、水産物のブランド化の成功例のように思われている。しかし、商品戦略としては失敗であった。限定の看板商品である「関さば」がいくら売れても、「関さば」を売る佐賀関漁協のその他の魚の値段は上がらなかった。全体として漁業者の儲けはあまり増えなかったのである。漁協にとって「関さば」は広告塔になれなかったのである。したがって、商品戦略的には「佐賀関」をブランド化する必要があったのである。この例は、6次産業化商品が、モノを売り込むよりも「生産者」を売り込む商品戦略こそが必要であることを示している。

1.2.3　6次産業化事業における事業体制の構築

　原料生産者自らが加工販売することは基本的に素人なので、マネージメントに不安が大きく、事業として安定しないことが多い。大抵は事業見通しが甘く、コスト計算が十分でない。そこで、漁業者の行う加工、販売は6次産業化事業ではなく、農商工連携でプロと組む方がよい。ただし、加工業者が生産者と組むのは難しい。理由は、原料コスト削減で対立するからである。加工業者はあまり加工コストを下げたがらない。なぜならば、その部分が利潤の源泉なので、加工コストの削減は自らの利益を減らすからである。したがって、加工業者とは農商工連携ではなく、加工委託で行うべきである。加工委託であれば原料コストは生産者が負担するので、加工業者とは対立しない。生産者は加工手段を持たないので投資を最小限に抑えられ、失敗した時の撤退リスクが小さい。

　また逆に、生産量の拡大や、新たに商品を増やすことも比較的容易である。加工業者側にとって生産者から受託する商品は、同じジャンルであっても生産者の数だけ新商品が生まれる可能性がある。数多くの商品を受託加工することで生産ラインの稼働率が上がるし、販路の心配がない。後述の事例「きんめ缶」（1.6.5）は、その代表例である。「きんめ缶」を製造している（株）由比缶詰所は、他の生産者からも色々な缶詰製造を受託しているが、製造ラインが変わるわけではない。

　したがって、農商工連携は生産者と販売者が組み商品を開発、加工業者は受託で参加する形態が望ましいだろう。販売業者には「売れる商品」に対する感覚がある。「関さば」のマーケティング戦略は、漁協と連携した仲買人が立てたと聞いているが、漁業者からはあまり出てこない発想である。農商工連携は、生産者の「売りたい商品」を販売業者の感覚で「売れる商品」にすることができる。ただし、他者と組む以上、商品を企画する過程で

妥協が求められる場合があるが、生産者として絶対に譲れないという部分がある。それが、先に 1.1.5 で述べたように、「顧客の信頼を得る」という理念である。これを失うと、差別化の最大の訴求点であり将来「ブランド」となるはずの「生産者」を活かせなくなる。

なお、農商工連携には数々の支援制度が用意されているので、事業計画を企画する際には関係官庁に相談するとよいだろう。さらに、支援制度を利用すると行政関係の知名度が上がるので、直接の支援制度以外で、例えば官庁の地産地消 PR などで取り上げてもらいやすくなるなど、後々のメリットもある。

最後に、協同組合が直営する場合はできるだけ子会社化して、責任と権限の所在を明確にすることをお勧めする。互選で短期間に執行部（役員理事）がかわる協同組合では、責任体制が曖昧かつ意思決定が煩雑で、的確な経営判断ができないことがある。また、協同組合の理念が邪魔をして「儲ける」ことに集中できないため、事業展開に制約が大きい。また最悪の場合、子会社化することは組合本体を守るリスク管理でもある。リスク管理としては、他に外部委託を活用することで、新たな生産資本をできる限り持たないことも重要である。

1.2.4 究極の6次産業化商品 〜「料理」〜

新しい商品の開発視点は、モノ以外の付加価値をつけること、特に生産者自身が差別化の訴求点であること（1.1.6）や、農水産物生産者の商品戦略（1.2.2）の中で農水産物は素材であるが故に、加工調理の方法で品質が大きく左右されてしまうこと、水産物ではその品質の重要な要素である鮮度が、その取り扱い次第で容易に劣化しやすいことから、消費者

＊いとう漁協直営「漁師めしや波魚波（はとば）」

撤退したファミリーレストランの店舗を活用して、いとう漁協が開業した生産者レストラン。開店の動機は、市場で廃棄されている未利用魚の活用。このような未利用魚は量がまとまらない、型が揃わないなどの理由から市場では価値が付かないが、鮮度は良いのでそのまま「料理」に加工する原料には向いている。同じ原料がいつもあるとは限らないので、基本「おまかせ」であるが、非常にリーズナブルで人気を呼んでいる。

現状はアンテナショップになっていないので、マーケティング的には未利用魚料理を集客の看板商品にして「いとう漁協」ブランドを確立したいところである。また、いとう漁協には『平成 24 年度水産白書』でも紹介された「朝獲れすり身」という加工商品があるので、是非この店舗を活用してもらいたいものである。

「漁師めしや波魚波（はとば）」については、下記の静岡県ホームページを参照されたい。

http://www.pref.shizuoka.jp/sangyou/sa-420/guide/hatoba.html

にその品質が評価されにくいことを述べた。消費者がそのまま食べられ保存性のある加工商品はこれらの問題を解決するが、生産者が最も訴求する素材の良さは消費者に伝わりにくい。

それらを解決するのが「料理」化であり、生産者が自ら手がける農家レストランや漁師レストランは大きな訴求度を持つ。「生産者のこだわり」と「生産現場が目の前」という付加価値を持つ地産地消「料理」こそが、究極の6次産業化商品ではなかろうか。もちろん、これらの生産者レストランは「アンテナショップ」であり、売るべきは生産者の持つ「素材」であり、ブランド化するのは「生産者」や「産地」でなければならない。

1.3 開発体制の確立と販路開拓

1.3.1 新商品開発のスキーム 〜地域協議会方式〜

地産地消の新商品を開発する場合、ネックになるのが「原料の安定確保」と「マーケティング戦略」である。特に、生産者側からの企画提案は意欲は感じられるが、ミスマッチなことが多い。また、製品はできたものの商品にならなかったケースが多かったことから、後述（1.6.1）する『石廊いか沖朝漬け』（1998年開発、1999年発売）では、「地域協議会方式」により商品開発が行われた。

この方式は、今では基本となっているコーディネーターを利用した地域連携による商品開発である。それぞれの関係者が企画段階から参画することで、よりスムーズに協力が得られることと、生産体制やロジスティック、ロット量に合わせた販路開拓など、現実的な事業スキームを想定しながら開発を進められる点が大きなメリットである。協議会のメンバー構成はコーディネーター、原料供給（生産者）、加工（加工業者）、資材・技術、流通・販売（流通業者）、マーケティング（市町村・商工会など）である。『石廊いか沖朝漬け』の場合、コーディネーターと技術支援を静岡県水産試験場（当時）、原料供給と加工が漁協（漁協内に加工部門があった）、資材・流通・販売を県漁連、マーケティングが南伊豆町（当時）と観光協会というメンバーであった。

ここでは、特にマーケティングについて述べたい。上記のメンバーの中で、マーケティングを担当する市町村や商工会、観光協会は"実行部隊"であって、マーケティング戦略を決めるのは事業主体（製造者や販売者）である。したがって、「どのようなマーケティング活動をするか」は自分で決めなければならない。

このマーケティング活動を実践する際に、市町村や商工会、観光協会を仲間にしていると、とても便利なのである。例えば、市町村や商工会は商品開発や商品PRに関する助成制度を大抵は持っている。これらを利用する場合、面倒な役所仕事を覚悟しなければならないが、仲間に市町村の関係者がいれば相談窓口として利用できるほか、事業説明もスムー

ズになり助成事業に採択される確率が高まる。ただし、県や市町村は予算で動いているため、前年の秋までに理解が得られなければ事業支援が受けられない可能性がある。（ある市町村は、予算編成時にわかっていれば商品PRポスターの作成補助金くらいは付けられると言っていた。）

最近では、マーケティングやデザインのプロをアドバイザーとして派遣する事業を持っている県や市町村もある。これらは、一般企業に対して門戸を開いているケースも多く、また、展示会や観光キャラバンなどのイベントに参加する場合の窓口も、地域の特産品などに関するマスコミの問い合わせの窓口も市町村、商工会、観光協会にあることが多いので、新商品開発情報をいち早く伝えることで広報活動がスムーズになるケースが多い。『石廊いか沖朝漬け』の場合では、観光協会の作成するパンフレットに経費負担なしで掲載することや、協会が首都圏で行う観光キャラバンに参加することができた。また、事業開始前年の企画段階から参画することで翌年度事業として予算を獲得し、県と南伊豆町から新規購入する加工機械に対する補助金を得ることもできた。

1.3.2　外部コーディネーターの活用

最近では、地域の金融機関（地銀や信用金庫）が地域内の新商品開発支援を行うケースが増えてきた。融資だけでなく地域の異業種連携や委託先の紹介、展示商談会の開催、全国規模の商品展示会のブース確保など、コーディネーター役を積極的に務めている。

市町村でも地域活性化のため、商工会や独自の組織を立ち上げて相談を受け付けている。静岡県では富士産業支援センターf-Biz（エフビズ）が有名で、全国から注目されていることから、同様の組織を各地で立ち上げる動きがあるとも聞く。新商品開発や事業化を考えているのであれば、国や県の資金的支援事業に加え、これらの外部コーディネーターの積極的活用も一考すべきだろう。

1.3.3　サポーターを作る　～「参加型」商品開発～

サポーターを作る基本は「楽しむ」ことである。楽しいことには人が集まり、輪が自然に広がっていく。楽しむためには「遊び心」を持つことも必要だろう。そのための仕掛けも必要である。

「富士宮やきそば」は、もともと官製の地域興しプロジェクトが原点だが、官製の面白くない仕切りでは成果が出ないまま終了した。そのときの民間メンバーが「富士宮やきそば学会」を結成し、活動を始めたところからブレイクした。その活動のノリは大学の学生サークルそのもので、「学会」と称したり、「富士宮やきそば」という名称を使うために必要な「麺許皆伝」などの「遊び心」は人々を惹きつけた。その人々の輪は広がり、「B-1グランプリ」という何十万という人々を集める祭りへと発展、多くのビジネスチャンスを創造した。多分、彼らの意識には「儲ける」という経済的な動機よりも「楽しむ」ことの充

足感の方が強かったのではないだろうか。

また、世界中のプログラマーが対価を求めず開発したLinuxや、一定のルールの下、無数の無名の人々が参画したバーチャルアイドル「初音ミク」などが大きなマーケットを創出した例を見ても、経済的な動機以外の人を惹きつけるものがそこにはある。ここまで大きくなくても、IT技術の発展は未知のサポーターを作るプラットホームを提供している。

FacebookやTwitterなどのSNS[※5]は、「他人の視点」を得る仲間づくりに大いに活用できる。SNSは閉じた世界で、それ自体の情報発信力（PR効果）は弱いが、強力なサポーターが付くこともある。「きんめ缶」(1.6.5)のPRには、缶詰博士こと黒川勇人氏に一役かって頂いた。著者自身が関与した『さばじゃが君』(1.6.4)の開発においても、連携から仲間の輪が広がり非常に楽しく仕事をさせて頂いた。これには、コーディネーターとしての静岡生協連事務局長成田氏の存在が大きかった。

1.3.4 学校給食

学校給食は、多くの地産地消商品の目指す販路であるが、大きなハードルがある。それは価格と納入業者である。一般に、学校給食へスポット的に供給することはそれほど難しくない。どこの給食にも地域献立の日があり、この日のものは地元食材であれば多少高くても採用され、通常の納入業者を通さずに納入できるからである。しかし、これが繰り返し定番化されるようになると、価格は給食費の範囲に抑え安価にする必要があり、納入業

図1.3　地域の食育活動

『さばじゃが君』(1.6.4)は食育活動（小川漁協と県水産技術研究所の普及員が給食日に焼津市内の小学校へ赴き、食材の「サバ」に関する出前授業を実施）とセットで給食導入を提案した。このように、地域水産物を使った地産地消加工品の給食導入には学校・教育行政関係者のサポートを得るため、地域の食育活動と組み合わせるなどの戦略も必要である。

※5：SNS：(social networking service) 個人間のコミュニケーションを促進し、社会的なネットワーク構築を支援する、インターネットを利用したサービスのこと。

者の扱う従来品とも競争して勝たなければならない。さらに、供給義務を果たすための在庫リスクが嵩む。もともと国内原料・国内加工は割高であり、加工食品の主流である外国原料・外国加工に対し価格的に不利であり、購入側の理解がないと難しい。そのため、地域との連携が重要になる（図 **1.3**）。

1.4 小規模事業者のためのマーケティングリサーチ

最初に触れたとおり、商品開発における本格的なマーケティングリサーチを行うためには専門的な知識と労力と経費が必要であるため、ここでは比較的簡単で、経費があまりかからない、マーケティングリサーチ手法をいくつか紹介する。

1.4.1 ターゲットの想定

ターゲットは商品を売ろうとしている対象であり、販売戦略の基礎となる部分でもある。特に、本書が対象としている地域農水産物を使った商品は製造コストが高めになることと、ある程度生産量が限定されることが想定されることから、土産品など、最初から商品の性格や販売チャンネルが限定されるケースが多くなると考えられる。また、食品に対する消費者の嗜好や価値観は多様であることを考えると、販売対象となるターゲットはある程度限定されてくる。スーパーなどへの量販を目指す場合でも、店により客層が異なるので商品の訴求点が最もマッチする客層の店に売り込む必要がある。

また、商品の評価は「イメージ」に大きく左右される。「イメージ」は前述したように人により異なり、商品の提供側が完全にはコントロールすることはできないので、ある程度「イメージ」が共通している客層をターゲットとして想定する場合もある。また、商品が消費されるシチュエーションを想定してターゲットを設定する場合もある。予めターゲットを決めてから新商品を企画する方が効率的だが、企画が先行しマーケティングリサーチの結果からターゲットが定まることもある。

1.4.2 足で稼ぐ売り場調査

新しい商品企画が思いついたら、それが「どこで売れるか、売りたいか（ターゲット）」を考える。あるいは希望小売価格が決まっていれば、ある程度販売チャンネルが絞られる。売り場を想定したら、実際にその売り場を調査する。調査といっても客として商品を見てくるだけでよい。前述のとおり、漁業生産者は売り場を見ないため、自分の魚がどのように売られているかを知らない。そして他所の魚だけを見て「自分の魚の方が鮮度は良いのに安い」と言っている。魚自体は先に 1.1.5 で述べた、商品を構成する要素の1つである「モノ」にすぎない。

加工品でも同じであるが、売り場調査では「商品」の部分を見たい。まず価格や量目。その売り場で売れる価格や量目が設定されているはずである。加工品であれば賞味期限もチェックしたい。商品の訴求点、売り文句は何か。商品が置いてある場所やポップの存在は、その店がその商品をどのくらい重要視しているかのバロメータである。扱いが悪ければ、現商品に何らかの不満があるのかもしれない。店の客層（来店客の階層）、商品全体の価格帯。失礼だが、さり気なく来店客の買い物カゴを覗いて客単価もチェックする。気になる商品は、実際に食べるため買ってみた方がよい。また、食品であれば昼間と夕方、夜間では客層、購買動向が大きく異なることも忘れないように。

次に、その店で自分の新商品を売ることを想像してみる。何を訴求するか、その訴求は店の販売方針に合致しているか、価格帯は合っているかなど。少なくとも今、販売されている競合商品にプラスアルファの付加価値が必要である。このプラスアルファの付加価値は、生産者視点でなく消費者視点でメリットを考える。そのメリットがあまりないようだったら、「モノ」以外の付加価値部分で視点を変えることで別のターゲットが見えてくるかもしれない。繰り返すが、思考上の試行錯誤は経費のかからない新商品開発なので、零細な事業者には是非お勧めする。

また、大企業のようにマーケティングリサーチに人と資金をかけられない中小の業者にとって、コピーと少数の配布人員だけで実施可能なアンケート調査は非常に有効なツールであるので、次節1.5で詳しく述べる。

1.4.3　物産展

地域農水産物を使った商品は、首都圏などの大消費地で売られているナショナルブランド品にはない地域の魅力を持っているため、百貨店などの物産展への出展を持ちかけられることがある。また、都道府県などが主催する物産展もある。これらの物産展へ参加すべきか相談を受けた時は、以下の3つの項目に該当しないものがある場合は止めた方がよいと答えることにしている。

① 商売として物産展に参加するつもりはない。
② 生産者（会社）自身のインターネットサイト（ホームページ）を持っている。
③ 通販を行っている。（インターネットで注文できる。）

逆にこれらの条件を満たしていれば、マーケティング活動の良い機会であり、積極的に参加するようにと伝えている。

物産展は対面販売なので、消費者の生の声を聞くのに良い機会である。また、生産者自らの説明はたとえ朴訥であろうと能弁であろうと、生産現場と関係ない店員の営業トークに勝る。なぜならば、地方の小規模業者であるほど「生産者自ら」が商品の付加価値になるからである。したがって、物産展で売り込むのは、PRツールとしての「商品」と「生産

者（会社）」である。物産展を商売としている業者もいるが、儲けるためには移動販売のシステム（スタッフ）とノウハウが必要である。しかし大抵は、その時だけ臨時に社員や経営者を駆り出して対応することになるので儲からないし、続かない。

食品は口に入れるものなので、食べたことのないものは買いにくい。そのため、通販での販売は購入した経験がある人か、信頼できる人の紹介、マスコミに取り上げられたものが主体となる。物産展で試食した人や、買って頂いた人のリピートや口コミを販売に結び付けるために、通販は必須である。また、最近はネットで情報を検索する人が多く、会社のホームページがないと信用してもらえず、購入を諦めるといった行動に結びつきかねない。さらに、ホームページの更新はパンフレットの更新よりも頻繁にでき、印刷よりはコストも安いので、常に最新の情報を提供できる。

物産展は基本的に「気に入った商品があれば買いたい」人たちが集まるので、ターゲット属性としては非常に優良である。そこで、物産展で販売した商品には顧客満足度アンケートはがきを付けたり、ホームページ上のアンケートページへのアクセス方法を通知することで自社サイトへ誘導するなどの工夫はいくらでも考えられる。物産展はマーケティング活動に利用するものであるという視点で考えれば、新たな新商品の発想も浮かんでくるかもしれない。

1.4.4　クレーム対応

マーケティングの講演では必ず「クレームはチャンス」と言われる。一部の、悪意のあるクレーマーを除き、内容が良きにつけ悪しきにつけ自ら接触してくる消費者は意識の高い消費者であり、対応が良ければクレーマーがカスタマーに変わる。わざわざ調査しなくても他人の視点で商品を評価してくれるアドバイザーだとも言える。「お客様のご指摘を参考に、新しい商品を開発しました。お試し評価して頂けませんか」となったら、中には喜んでサポーターになってくれる人もいるのではないだろうか。

1.5　アンケート調査を設計する　〜調査の成否がここで決まる〜

アンケート調査は特別な施設も技術も必要でないため、比較的簡単に行うことができる。しかし、実際には少なからぬ労力と、多くの人の協力で成り立っている。また、多くの場合はやり直しのできない一発勝負である。そのため、その成否はアンケートの設計に全てがかかっている。したがって、アンケート調査を実施する際には、計画をよく練り上げる必要がある。

1.5.1　アンケート調査の構成要素

アンケート調査において重要な要素は、調査対象（ターゲット）、調査内容、調査方法の3つである。アンケートを設計する上で、これら3要素は非常に重要で、アンケートの目的を果たせる最適なものを選択する必要がある。

1) 調査対象（ターゲット）

対象者が特定されている場合には問題ないが、不特定の人を対象に行う場合には、回答者の属性が調査結果に反映されることで、対象の選び方によって回答が大きく異なってしまうため、注意が必要である。逆に、恣意的に対象を選択することで、質問者側の意図する結果に導くこともできる。したがって、調査結果を評価する場合には、結果だけでなく調査対象の選び方にも注意する必要がある。また、調査内容や方法により、調査対象が制約を受ける場合もあるため、逆に調査内容や方法に制約がかかる場合もある。

2) 調査内容

せっかく調査するのだからと設問項目が多くなりがちだが、回答者の負担を考慮すると、実際にできる設問項目数は限られており、より効率的な設問が求められる。この「何を」「どのように」聞くかが、アンケート設計の肝になる。具体的な調査目的によって、調査項目の優先順位が決まり、調査内容により調査方法が決まる。

3) 調査方法

調査方法とは調査場所、時期、実施人数（回答数）、調査手法など、調査の具体的な手順である。不特定の人を対象とした場合、調査場所や時期によってターゲットが変わるため、対象となった人の属性予測はアンケート設計上重要となっている。実施人数はどれだけの回答数を得たいかにより、回収率を加味して決める。必要とされる回答数は、結果の解析手法により異なるが、実際には調査手法により大きく制限を受けてしまう場合が多い。

1.5.2　アンケート調査で重要なこと

第一に、アンケートに回答して頂くこと、第二に、役に立つ回答を（成果）を得ること、第三に、わざわざお手を煩わせて協力して頂くという謙虚な気持ちがなければならない。アンケート調査は、質問者（生産者）と回答者（顧客）のコミュニケーションであり、協力者の好意を無にすることは許されない。

1) アンケートに回答して頂く

アンケートに回答して頂くために必要なことは、①わかりやすいこと、②時間的、心理的な負担をかけないこと、③調査の意義を理解して頂くことである。

①では、お年寄りや家庭の主婦にもわかりやすい言い回し、平易な表現を心がけ、用語は業界用語や専門用語は避ける。設問の内容は必ず1つの項目に限り、同時に複数のことを尋ねない。また、いくつにもとれる曖昧な表現を避ける。文字の大きさやレイアウトに

も気を配る。実際にアンケート調査を行う前に、身近な人に模擬調査（テスト）を行うと迷いやすい設問やわかりにくい表現をチェックすることができるので、できるだけ実施してほしい。

> （例）「味付けはいかがでしたか。」⇒味付けでは「味の濃さ」「甘みと塩辛さのバランス」「旨味」など、色々な要素を聞くとよい。単なる「味付け」では回答者の「あまり良くない」という回答に対し改善点がわからない。

②では設問内容が多くなり過ぎないよう注意し、選択肢を基本とする。不特定多数を対象にしたアンケートでは、街頭アンケートでA4判1枚、配布（郵送）アンケートでもA4判見開き2枚（A3を2つ折にし、表紙にアンケートの趣旨や協力依頼文などを載せ、設問は見開き部分2頁に収める）が理想である。頁をめくって、さらに回答するというのは心理的負担が大きく、回収率や回答項目数がかなり下がる。どうしても量が多くなるアンケートでは、回答者に謝礼をすることで回収率を上げていることが多いようである。

アンケートの設問順は、回答しやすいものからしづらいものへ、が基本である。はじめの方の設問は回答しやすい、体験に関する設問や回答選択肢の少ないものにするのがよい。記述回答が必要な設問はできるだけ少なく、最後の方にする。最初に答えにくい設問があるとアンケートに対してネガティブな心理になり、未回答が多くなりやすい。

> アンケートはじめの設問例
> 「○○を知っているか。[知っている・知らない]」「○○を食べたことがあるか。[ある・ない]」という二者択一の「Yes・No」回答は答えやすい。
> また、選択肢が多くても体験についての設問は答えやすい。⇒「魚料理は週何日食べるか。[4日以上・1〜3日・月に1、2回・ほとんど食べない]」このような場合、[ほぼ毎日・時々・たまに・ほとんど食べない]という選択肢は境目が曖昧で、回答者が迷うので避ける。

回答者の属性情報はアンケートにおける最重要情報であるが、十分な配慮が必要となる。通常、属性情報は最後に聞くのが基本である。回答者個人に関する設問の回答には心理的抵抗が大きいので、最初に聞くとアンケートに対してネガティブな心理になりやすい。逆に、最後にある質問は回答モーションに弾みがついているため、流れで回答してしまいやすくなる。また、属性情報では必要がない限り、個人情報に関するものは設問を避ける必要がある。

一般的に、「個人情報」とは個人を特定する情報を指すので、住所、氏名は聞かない。性別や居住地として市町村までなら通常問題はない。年齢は答えることに抵抗のある人も多いので、年代（20歳区切りの幅でも子供・若者・中年・高齢者という属性区切りができる）を聞くの

がよい。特定属性（例［魚が好き・嫌い］［土産を買う・買わない］など）は、体験に関する設問として盛り込んでおく。属性を聞きにくい場合は、アンケートを配布する際に見た目の属性を記号でメモする、予め属性ごとに識別可能な用紙を用意しておくなどの工夫が必要である。例えば、飲食店の受注票では［S・C・F］（シングル・カップル・ファミリー）などの属性がチェックできるようになっている

③の「調査の意義を理解して頂く」ためには、アンケートの趣旨と実施者、およびその連絡先を掲示などで明示するとともに必ず調査員に趣旨や目的を理解させ、回答者の疑問に答えられるようにしておくべきである。

2) 役に立つ回答（成果）を得る

役に立つ回答（成果）を得るために必要なことは、①目的（得られる成果）を明確にする、②使えないデータはとらない、③仮説を立てておくことである。①と②は重要であるので、後述1.5.4で詳しく述べる。③の「仮説を立てておく」と、調査結果をマーケティング戦略に反映させやすい。「仮説」とは、この場合、例えるなら「客の購買予測」となる。

（例）「○○の属性を持つ人は○○の理由で、○○であれば○○を買う可能性がある。」⇒「（電車で来た旅行者）は（荷物がかさばることを嫌う）ので、（軽薄短小）であれば（土産品）を買う可能性がある。」

1.5.3 識別評価と嗜好評価

ここでは、アンケート調査で重要な、識別評価と嗜好評価の違いについて小規模事業者でもよく行われる試食アンケートを例に触れておく。

① 商品の規格を決めるために「試食して味や外観などの評価を見るアンケート」
② ターゲットの嗜好を調べるために「試食して味や外観などの評価を見るアンケート」

この2つは同じ「試食して味や外観などの評価を見るアンケート」であるが、①は開発のための調査で、②はマーケット分析のための調査になる。したがって、①は試作製品を評価対象としているが、②はターゲットとなる人を対象としている点で大きな違いがある。そのため、アンケートで聞く項目は同じでも設問方法を変えなければならない。一般的に製品の評価には識別評価を主に用い、ターゲット（人）の評価には嗜好評価を主体にして作成する。

試食評価のように人が判断を下す評価では、客観的な判断基準に基づいて同様な結果が得られるものと、主観的な判断基準で人により判断が異なるものがある。「AとBでどちらが塩辛いか」というような評価が識別評価で、一般的に、人によって評価が逆になることはありえない。一方、「AとBでどちらの塩辛さが好きか」と聞けば、その人の嗜好に

より回答は異なる。

商品の開発段階で競合商品と差別化したい場合、消費者がその差を認識できるか調べるためには客観的な識別評価が必要になるが、新商品の方が「美味しく感じる」という評価は嗜好であるため、客観的な基準に置き換えなければならない。鰻の蒲焼であれば、まず「美味しい鰻の蒲焼」を定義する。例えば「軟らかい、臭みがない、小骨が気にならない、魚の旨味がある」とする。それに対して「どちらが軟らかいか」「どちらの小骨が気になるか」などは、客観的基準である。困るのは、「臭みがない」ということ。「臭み」はネガティヴイメージを持つが、「臭み」をポジティブに「香り」と捉える人もいるので主観基準になってしまう。そこで「どちらの"におい"が強いか」とする。ここで"におい"としたのは「臭い」ではネガティブ、「匂い」ではポジティブな印象を与えてしまうからである。「魚の旨味」も、回答者が同じものをイメージできなければ識別評価にはならないので、単純に「どちらの旨味が強いか」とする。

このように、識別評価では言葉1つで先入観を与え結果が変わってしまうので、設問の作成には注意が必要である。逆に嗜好調査では、言葉の持つイメージを意識させ、先入観を与えることで結果を誘導することもできる。次項で述べるアンケート調査では有効な方法である。

＊識別評価を本物嗜好に置き換えたTVCM

『A』は、ペットボトル入り緑茶商品の中では後発商品である。そのため、発売にあたり先行商品ではタブーであった「濁り」を差別化の訴求点とした。その時に流されたTVCMでは、「急須で淹れたお茶に最も近いものは？ の問いに、一般のほとんどの人が『A』を選びました。」とナレーションが入る。

比較試験で一方的に特定の商品を選ばせるコツは、差が明らかなサンプルで識別評価を行うことである。無差別に普通の人を対象に行った嗜好評価では、明らかに劣るものを対象にしない限り回答がバラバラになってしまう。したがって、このCMでは「どれが美味しいか」「どれが良いか」という嗜好は聞いていない。「急須で淹れたお茶」という基準で識別させている。ここで問題になるのは「急須で淹れたお茶」の特徴が何かである。本来の煎茶は、濁らないように、急須を揺すったり紅茶のように茶葉を躍らせたりすることはタブーである。しかし、正しくお茶を淹れている普通の家庭がどのくらいあるだろうか。また、最近主流の「深蒸し茶」は蒸気で茶葉を柔らかくしてあるので濁りやすい。したがって、普通の人は「急須で淹れた」＝「濁っている」となる。一方、比較対象とした既存製品は正しく淹れた「濁っていない」お茶である。つまり、このCMは「どっちが濁っているか」という識別試験を行っているので、結果が一方的になるのである。そして、「ほとんどの人が『A』を選んだこと」が直接的には「高品質」を示していないにも関わらず、「急須で淹れたお茶」＝「本物のお茶」という消費者のイメージ（先入観）を使って『A』は本物」というイメージを消費者に与えている。現代の「普通の人のお茶」に近いという、この識別を「本物らしい」と感じる嗜好に転換させる、情報はイメージを操作するという、マーケティング思考的には実に計算された素晴らしいCMであった。

1.5.4 アンケートの手法

　主な手法としては、①対面式、②回答票式（街頭・郵送）、③投票式、④インターネット式がある。対面式は質問者と回答者が1対1で1問ずつコミュニケーションを取りながら行うアンケートで、後述のコンジョイント分析（1.5.6-5）のための複雑な設問を行う場合や、テキストマイニング（1.5.6-6）などの不定形の情報を得るのに適しているが、回答者の負担が大きいため見知らぬ人の協力が得られにくく、多数の回答を得ることが難しい。

　回答票（アンケート用紙）式は最も一般的な調査法で、街頭やイベントブースなどで配布、回収する方法と、何らかの方法で配布した後に回答票を郵送で返却してもらう方法がある。この方法での配布方法は、無作為に送りつける（国の〇〇調査で多い）、商品に添付する（顧客アンケート）などが代表的である。

　街頭式は比較的多くの回答が得られるが、郵送式は回収率が悪い。特に回答者が送料を負担する場合はほとんど返ってこないので、切手を貼ったはがきもしくは封筒を用意するか、切手よりは回収率が落ちるが料金受取人払い（簡単に郵便局で手続きできる）にする。料金受取人払いの場合は、回収票のみの送料負担になるため切手の無駄はなくなる。

　また、郵送式では懸賞を付けることで回収率を上げているものもある。この場合、結果的に懸賞を送るための回答者の個人情報（住所・氏名）を得ることができるので、扱いには十分な配慮が必要である。一般的には、後のマーケティングに活用するためには、必ず、「(生産者)からのお知らせを［受ける・受けない］」などの設問が必要になる。最近、個人情報の流出事故が多発し、消費者は非常にナーバスになっている。名簿を流入させた場合、多額の賠償が必要になることもある。したがって、「受けない」と回答された方の個人情報は、確実に消去しなければならない。また、懸賞を付けた場合、懸賞を得るために回答が歪む傾向がある（ネガティブ回答が抑制され、迎合回答が増える）ことも気を付けなければならない。回答票式はアンケート用紙の出来が調査の成否を全て決めてしまうので、周到な準備が必要である。

　投票式は、TVの街角アンケートで見られる、ボード上の回答欄にシールを貼るなどの方式である。イベントなどの多数の人出が見込める場合、回答者の心理的抵抗もなく手軽に多く（数千以上も可能）の回答を得ることができるが、設問数が極めて少数に限られ複雑な設問はできない。また、属性を知るためにはシールの色を変えるなどの工夫が必要となる。むしろ、アンケートの名を借りたプロモーション（PR）として有効な手段である。

　インターネット方式の場合は、設問サイトへの誘導に工夫が必要である。また回答層とターゲット層の乖離が見られることが指摘されており、確実にターゲット層が特定できる、ネット通販における顧客アンケートなど、目的限定のものが多い。

1.5.5 商品開発におけるアンケート調査の留意点

1) アンケート調査の目的を明確にする。

アンケート調査の目的を大別すると、以下の4つになる。目的により解析方法が変わるため、設問方法も変えなければならない。

　①商品評価

商品開発のために試作品の評価を調べ、商品改良を行うための調査を行う。基本的に試作品を味・食感・量目・外観・パッケージなどの構成要素に分解し、それぞれの評価を「識別調査」により行う。さらに総合評価を「嗜好調査」で行うことにより、商品の好ましさにプラス、マイナスに寄与する構成要素と、あまり影響のない構成要素を分別し、プラス要素は訴求点、マイナス要素は改良点として評価する。

　②商品のマーケティング評価

開発新商品の価格・ターゲット・販売目標などの販売戦略資料の収集のために商品を評価してもらうが、①と異なり、解析対象は回答者そのものになる。そのため、細かい属性情報が必要になる。また、高度な解析を行うためには、解析用にカスタマイズした設問が必要になる。最終的にターゲット層の購買意識を予測（仮説）して、マーケティング戦略を定めることが目的となる。難しいことが無理ならば、高度な解析がいらないコンセプト評価（p.9【事例】の『さばじゃが君』のコンセプトアンケート調査）がやりやすい。

　③市場調査（ターゲット調査）～人口・階層・購買力・嗜好などの市場属性

②が商品を使った調査であるのに対し、③は回答者自身について直接調査する。アンケート調査で行うには、大規模かつ綿密に行う必要があるのでコストと労力がかかり、小規模事業者向きでない。市場としてマス（多数）よりもニッチ（隙間）を求めるために、自分の足で調べた方がよい。

　④PR・クレーム対策

アンケートの名を借りたPRや、不満のはけ口として行われるアンケートである。クレーム対策として行うアンケートの代表的なものに、飲食店の卓上アンケートがある。口コミの影響が大きい飲食店にとって、些細な不満は店内で解消してもらえば有難い。不満のはけ口がネットや投稿へ向かうのを避けるための現代版目安箱である。

＊理事会への説明資料として試食アンケート

　『さばじゃが君』(1.6.4) の開発では、販売を予定していたコープしずおかの理事会の承認が必要であった。しかし、ただ企画書をペーパーで説明しただけでは商品開発の趣旨を理解してもらえず、反対されるおそれがあった。そこで理事会に対し、商品の企画趣旨としてふさわしいものを問う試食アンケートを行い、その結果を商品開発に取り入れることにした。このことで理事に企画趣旨を理解してもらうとともに、理事会は開発チームに組み込まれ、批評する側から提案側になってしまったのである。

アンケートの名を借りたPRとしては、新聞広告の懸賞で質問の答えがPR文内にあることで、知らせたい内容を読ませるものや、商品イメージ調査という名目で商品の訴求点を選択肢として並べ、その中から選ばせることで回答者に訴求点を刷り込ませるといったものが当たる。実際、パンフレットに訴求点を箇条書きに並べて街頭で配ってもほとんど読んでもらえずすぐにゴミ箱行きであるが、試食に合わせて最も納得がいく訴求点を選ばせたり、それぞれの訴求点について「ある・ない」を問う、というようなアンケートを行うと、必ず「読む・理解する・判断する」という作業を伴うため、刷り込み効果が高い。この方法は高度な解析が不要であり、同時に有効な商品の訴求点もわかるため、是非行うことをお勧めする。

2) 使えないデータはとらない

通常、アンケート調査は設問数が限られているため、効率よく必要なデータだけをとらなければならない。そのために留意すべきことは、以下の3点である。

① 調査結果の分析手法を決める

分析手法（1.5.6）により設問方法が異なるため、分析手法に合わせた設問を作っておかないとアンケート実施後の解析ができなくなってしまう。したがって、知りたい目的（例えば"商品が売れる価格を知りたい"など）に合わせて、予めどのような分析手法を行うか決めておく必要がある。

② 回答者の質と量を確保する

回答数は多ければ多いほどよいが、そのぶん当然、人手もコストも必要になってくる。どの分析手法を使うかによって必要な回答数は異なるが、統計解析に必要な有効回答数として100人分以上は欲しい。だいたい300人分位の有効回答数があれば大抵の解析はなんとかなる。もちろん、回収した全ての回答が有効ではない。一部の設問項目の欠損は使いようがあるが、属性回答がない回答はマーケティング分析では無効である。回収時にデータの欠損がチェックできるようであれば、このような無効回答を減らすことができる。ま

＊居住地属性に注意

食品は一般に「食べ慣れている」ことが重要で、特に魚臭許容度についてはその傾向が強い。静岡市内で行った水産物試作品に対する試食アンケート調査では、駿河区（海側）の住民は好評価、反対に葵区（山側）の住民には不評と、明確に居住地による差が見られた。『さばじゃが君』（1.6.4）の臭いは、同じサバが原料の「黒はんぺん」に食べ慣れている静岡県中部地域では問題がないが、伊豆地域や神奈川県では受け入れられなかった。また、焼津市居住者は総じて価格コンシャスが高く（安さを求める）、質よりも価格重視の傾向が強い。一方、静岡市在住者は品質が高ければ価格が高くても受け入れる傾向があるというように、居住地により商品の評価が大きく変わるのである。だからこそ市場調査が必要であり、売れないのは商品の質に問題があるのではなく、ターゲットの属性がミスマッチの場合も多いのである。

た、属性の構成によっては回答にバイアス（偏向）が生じるため、ターゲットを構成する属性は万遍なく回答を得る必要がある。

　③　商品のターゲット属性とアンケートをとる属性を合わせる

　試食アンケートをイベントなどで実施する例は多いが、イベント来場者が必ずしも実際の購買層などと重なるとは限らない。実際の販売チャンネルを使ってアンケートがとれればよいが、例えば、量販向け商品のアンケートをスーパー店頭で行うことは実質不可能である。それでも、地産地消商品であれば、地域住民が万遍なく集まる地域イベントだと地元商圏と重なってくるので比較的近い属性を調査できる。ただ、イベントでは来場者が通常と異なる心理状態（多くの場合、高揚感でポジティブ状態）になっており、評価などが甘くなることを考慮する必要がある。

　その他、商品のターゲットと調査対象が異なる場合は、回答にバイアスがかかっていることを前提に解析・戦略策定する必要がある。そこで、「高齢者」「ファミリー」「若いカップル」「居住地」といった属性ごとに分析し、販売ターゲットの属性構成と比較することでバイアスを補正することが必要になってくる（コラム参照、p.26）。そのためには、属性ごとに100以上の有効回答数があることが理想ではあるが、現実的には難しい。

　3）　必ず自由記述欄を設ける

　調査票を使ったアンケートでは回答者に負担をかけないためと、予め解析手法が決まっているため選択肢を基本とした定型の設問が多い。そのため、実施者側が想定していない生の声を聞くために、必ず自由記述欄を設ける。記入する人は少ないが、中には欄一杯に書いてくる人もおり、そのような人の意見は意識が高いので非常に参考になる。自由コメントはテキストマイニング解析（次項1.5.6）を行うと、漠然とした意識（ニーズ）を明らかにできるので、とても参考になる。

1.5.6　アンケート結果の解析

　アンケートの主な解析手法を簡単に紹介する。詳しくは参考図書が数多く出版されているので、そちらを御一読頂きたい。また、ここでも一部紹介する、著者が実際に行った試食アンケート調査の解析事例については、静岡県水産技術研究所の『あたらしい水産技術～新しい水産加工食品開発におけるマーケティングリサーチの試み～』（2006年）で解説しているので、こちらも御参照願いたい。なお、同資料は以下の静岡県水産技術研究所のサイトからPDF版を無料で入手できる。　　http://fish-exp.pref.shizuoka.jp/

　1）　製品評価（重回帰分析）

　1.5.3の鰻蒲焼の例で示したように、商品の品質を客観的な要素に分解し、各要素の識別

評価点を説明変数、総合評価（嗜好）を目的変数とする重回帰式に変換して、各要素が総合評価にどのような影響を与えているか評価する。必要有効回答数は100以上。詳細な解析には300以上あるとよい。

【設問上の注意】

説明変数は識別評価で行い、数値化するために選択肢の水準が偏らないようにする。

数値化のため選択肢は5〜8個。偶数水準の場合は「同じ（普通）」を設けない。

（例）甘みが…とても強い＞やや強い＞同じ（普通）＞やや弱い＞とても弱い

選択肢の水準は、とても強い＜＞とても弱い、のように対にする。

数値変換は、とても強い5＞4＞同じ3＞2＞とても弱い1とする。

または、甘みが　強すぎる1＞強い3＞丁度良い5＞弱い3＞弱すぎる1とする。

（※他の設問と最高点・最低点を同じにする）

2）　嗜好評価（クロス集計）

最も単純な解析で電卓があればできるが、エクセルなどの表計算ソフトがあると便利である。エクセルの場合は、ピボットテーブルを使う。回答者数の割合で評価するが、中庸の評価はバイアスがかかっているので、最上位評価の割合に注目する（コラム参照）。

【設問上の注意】

データは嗜好・識別データどちらでもよいが、水準は偏らないこと。

選択肢は5〜7で、最上位と最下位は「とても〜」とする。偶数選択肢にすることで回答者に良悪判断を強いることができるので、選択肢を有効に使うとよい。

3）　嗜好評価（コレスポンデンス解析）（図1.4）

商品の評価と属性の関係をマッピングして、その関係を類推する。解析要素のグループ化傾向化ができるため、例えば評価の高い（低い）ターゲットの絞り込みに利用できる。専用の解析ソフトが必要なので自分で解析することはややハードルが高いが、解析ソフトと操作解説さえあれば統計知識は必要ない。

＊選択肢が7つ［とても良い・良い・やや良い・普通・やや悪い・悪い・とても悪い］の評価

心理的に［とても〜］は本気でないと付けられない。反対に［やや良い］は無難なので何も評価していない。［普通］は実際、普通以下。［〜悪い］は3つともネガティブと解釈する。

［〜良い］の3つを合計して、良い評価が8割あった…は間違い。本気の［とても良い］＋もしかしたら本気の［良い］×0.5位を目安にした方がよい。むしろ悪い評価の方が商品評価上は重要で、お世辞を信じて商品化したら痛い目にあうかもしれない。

選択肢5つの場合は［良い・やや良い…］ではなく、［とても良い・良い…］で行う。

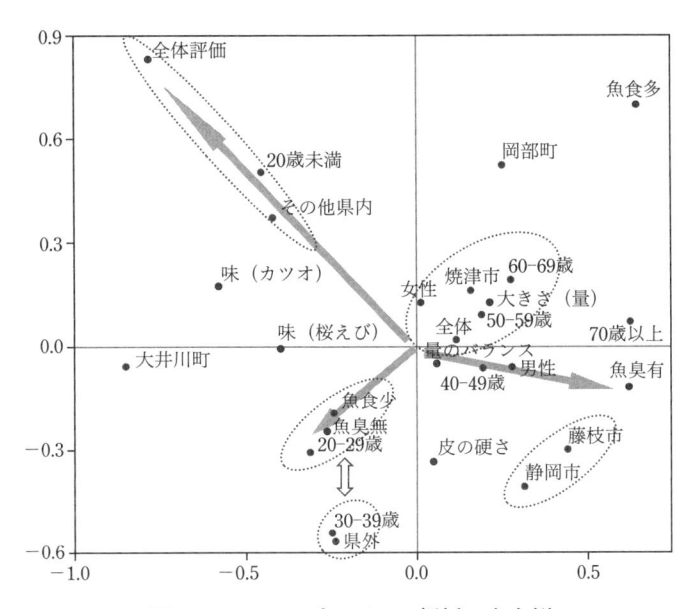

図 1.4 コレスポンデンス解析の出力例

図中の円や矢印は出力図の解釈例を示している。コレスポンデンス解析では原点（中心）からの方向（矢印）が近いほど関係があると解釈する。なお、要素間の距離は関係ない。例えば、この図では左上の矢印から20歳未満の評価が良いこと、右下の円内の静岡市と藤枝市が同じ傾向があることを示している。（『あたらしい水産技術〜新しい水産加工食品開発におけるマーケティングリサーチの試み〜』より）

【設問上の注意】

データは質的データのため二者択一（Yes・No）となる。実際には、回答を（Yes・No）に変換すればよい。解析要素数に合わせて必要回答数が増えるので、有益な解析をするためにはそれなりの回答数が必要になる。

（例）居住地＞焼津（Yes・No）・静岡（Yes・No）・それ以外（Yes・No）どれか1つがYes
　　　味を評価しているか（Yes・No）に変換＞とても良い（Yes）・良い〜とても悪い（No）
　　　味を評価しているか（Yes・No）に変換＞丁度良い（Yes）・それ以外の濃い〜薄い（No）

4) 価格調査（PSM解析）

価格の受容度を解析する。専用の解析ソフトや高度な知識を必要としないので、やり方さえわかれば素人でも簡単にでき、方眼紙と定規があればPSM解析図は作成できる。ただし、アンケートの設問方法は少し特殊なので手間がかかるのが難点である。

【設問上の注意】

設問方法が決まっているので、最初から設問に盛り込んでおかなければならない。それぞれ異なる意味を持つ4つの想定金額を回答しなければならないため、紙面上の説明だけではわかりにくく、対面での説明が必要になってしまう。

5) 価格調査（コンジョイント分析）

商品の付加価値を評価できる、高度な価格調査。専用の解析ソフトが必要なので、自分で解析することはハードルが高いが、商品に付けた付加価値（差別化）が金額（いくら高く売れるか）で出力されるので、商品開発における設備投資の判断基準になる。

【設問上の注意】
　実験配置法によりランダム配置された設定カードを順位配置するという回答方法が複雑で難しいので、腰を落ち着けた対面調査でないと無理である。また、商品の価値のわかる回答者でないと正しい結果がでないことから、調査に協力してくれる回答者を集めること自体が難しいかもしれない。

6) 自由記述分析（テキストマイニング）

やり方は色々あるが、回答者が書いた文章を単語単位に分解して重要な単語の出現頻度を調べたり、出現の流れから単語の連環状況を模式化することで、回答者の意識や隠されたニーズを類推する。詳しくは前述の『あたらしい水産技術～新しい水産加工食品開発におけるマーケティングリサーチの試み～』を参照されたい。

1.6　地域水産物を使った新商品開発

最後に、地域水産物を使った新商品開発の事例を紹介する。これらの中には静岡県水産技術研究所（旧水産試験場）が協力した開発事例が多いが、全国の公立試験研究機関や地方の大学などでは地域商品の新商品開発に対する支援を行っている場合が多いので、是非利用されることをお勧めする。

1.6.1　『石廊いか沖朝漬け（いろいかおきあさづけ）』

『石廊いか沖朝漬け』は、2000（平成12）年に開催された「伊豆新世紀創造祭」に向けて南伊豆町漁業協同組合（当時：現伊豆漁業協同組合）が県水産試験場（当時：現静岡県水産技術研究所）の支援の下で開発した6次産業化開発商品である。伊豆新世紀創造祭は県の肝いりで、1年間にわたり伊豆各地で市町村を巻き込んで観光イベントが行われたが、これに合わせて伊豆の新しい観光土産品を作るという行政施策があり、国や地方公共団体の施策に乗ることで新商品開発に対し援助が受けられたという一例である。

『石廊いか沖朝漬け』のコンセプトは、漁師自らが沖の漁場で生きたままのイカを「たれ」に漬け込んで作った本物の「沖漬け」であるということである。当時でもイカの沖漬けはスーパーマーケットでは定番に近い商品であって、類似品は多かったが、ほぼ全てが水揚げ後、陸上の工場で製造された「陸漬け」であって、本物の「沖漬け」はイカ漁業者

以外には作れないものであった。そのため、漁協が傘下の漁業者の協力の下商品化した「本物の沖漬け」は十分に従来品との差別化が図れると考えられた。さらに品質の上でも差別化するため、敢えて浅漬けにして、従来品のように黒くたれの染み込んだ身ではなく調味刺身に近いものとし、肝もしっかりしている（**図 1.5**）ことが大きな特徴となっている。このことから、本来刺身として食べられるほど鮮度の良いイカの沖漬けであることを消費者が実感できる商品となっている。

図 1.5　「石廊いか沖朝漬け」

原料となった「石廊いか」は、伊豆半島先端の石廊崎周辺の漁場で漁獲されるスルメイカで、地元では鮮度抜群の「刺身」用として名が通っているものの、地域外での知名度が低いため、夏場以降魚体が大型化して漁獲量が増えてくると地域内では捌ききれなくなり、浜の価格が低迷してしまうという課題を抱えていた。そこで漁協では、価格が低迷するこの季節の買い支え策として「沖漬け」を企画した。

『石廊いか沖朝漬け』の製造は、浜の価格が一定水準以下になった頃合いを見て漁協から協力漁業者に依頼される。漁業者は漁協が用意した、たれを入れたクーラーボックスの中に釣れたイカをそのまま入れるだけである。その日の漁が終わると漁協は漁業者からクーラーボックスを受け取り、たれを入れ替えて冷蔵庫内で漬け込み具合を調整してから凍結、真空包装して商品となる（**図 1.6**）。この製造スキームは、漁協自身が加工部門を持っていることで協力漁業者に負担のかからないものとなっていることが、この商品の事業性を支えている。例年 8〜10 月に 1 万本程度（その年の漁模様により変動する）を製造し、年内には完売してしまう人気商品となった。

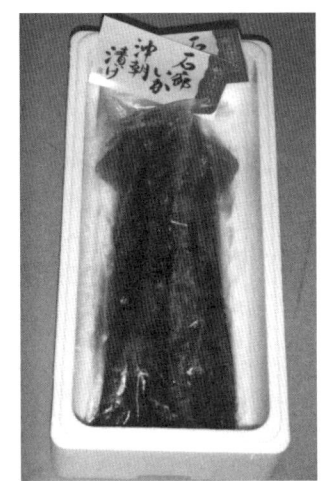

図 1.6　商品形態

この『石廊いか沖朝漬け』は、著者らが商品開発に地域協議会方式（1.3.1）をとった最初のケースであった。地域協議会には漁協、県水試のほか、県漁連（資材供給、配送、販売）、南伊豆町役場（資金支援、行政支援）、南伊豆町観光協会（プロモーション支援）が参画しており、有形無形の支援を得ることができた。

◆『石廊いか沖朝漬け』が 6 次産業化商品として成功したポイント

○本物の沖漬けという、漁業者でなければできない商品（差別化）であり、既存製品との差が消費者にもはっきり実感できた。

○漁協に既に加工部門と直売部門があり、加工製造販売のノウハウがあった。
○投資が最小限（補助対象の真空包装機のみ）であったため、原価償却のために無理な製造拡販をしなくてもよかった（リスクの最小化）。

1.6.2 『山葵葉寿司（わさびばずし）』

『山葵葉寿司』は、2002（平成14）年に静岡県沼津市の内浦漁業協同組合と県水産試験場（現水産技術研究所）が共同で開発した、伊豆天城産のワサビの葉で包んだアジの押し寿司である（図1.7）。典型的な製品開発先行型の商品であるが、これはもともと、沼津市で盛んなマアジ養殖の販路開拓を目的とし、天然マアジよりも養殖マアジの方が美味しく食べられる料理として寿司をPRするための提案商品であった。そのため、当初は商品として売るよりも製造ノウハウを公開して沼津市内の飲食店や宿泊施設で提供されることで養殖アジを認知させることを目指した。

図1.7 『山葵葉寿司』

当時、沼津市は大ブームとなっていた富士宮市の「富士宮やきそば」に倣い、市内に店舗数が多く有名店もある寿司を使って街興しを考えていた。そこで、内浦漁業協同組合と県水産試験場は市に対し、沼津市がアジの干物生産量とアジの養殖生産量が日本一であることから、鯵寿司を使った街興しを提案し、市商工会を中心に「あじ寿司のれん会」として活動が始まったのである。この活動自体は市が委嘱したアドバイザーが警告した「官製の地域興しに成功例なし」のとおり、ブームになることなく消滅した。

しかし、この活動の中で「沼津のあじ寿司」という地域資源に桃中軒（JR沼津駅と三島駅で駅弁を販売している地元業者）が興味を持ち、駅弁として商品化することになった。しかし、沼津には天然アジも水揚げされ、その価格は養殖の1/5と圧倒的に安い。養殖アジを売りたい漁協は、特に駅弁のように保存性を高めるため強く酢締めを行う場合は、天然アジでは身が締まり過ぎてパサパサになるのに対し、養殖アジは軟らかくしっとりとした食感と旨味がでることを県水産試験場が明らかにしていること、また、近隣の駅弁には既に天然アジを使ったあじ寿司が多く存在しており、「沼津のあじ寿司」の差別化のためには養殖アジを原料とすることが必要であることを訴求した。桃中軒はこの訴

図1.8 桃中軒の『港あじ鮨』

求を受け入れ、養殖アジの寿司に天城の本ワサビを合わせた『港あじ鮨』を商品化した（**図 1.8**）。この商品はその後、桃中軒の看板商品に成長した。一方、同時期に同じ市内の別業者が天然アジを使って商品化した類似商品は短期間で姿を消した。

この商品は開発先行型であるが故に、素材（養殖アジ）の特徴を活かし競合素材（天然アジ）に対し有利なマーケット（駅弁）で商品化することで差別化できた一例である。一方、この農商工連携となった『港あじ鮨』の成功に対し、漁協が自身で商品化（6次産業化）した『山葵葉寿司』は、生産者故の「こだわり」のために苦労しており、6次産業化事業よりも農商工連携の方が成功しやすいという一例にもなっている。

◆『山葵葉寿司』のマーケティング戦略のポイントと限界
○養殖素材の特徴を活かして天然物との差別化を図り、駅弁素材としての訴求に成功し、「6次産業化商品はPR商品」という商品戦略の基本を示した。
○6次産業化商品としては事業化スキームを確立できなかった。

1.6.3 『金目鯛みそ饅頭（きんめだいみそまんじゅう）』

『金目鯛みそ饅頭』は、県水産技術研究所が開発した、魚を丸ごと食材とする処理技術を使って製造した「金目鯛味噌」を使った中華饅頭様製品である（**図 1.9**）。本来、「鯛味噌」は魚肉と味噌を合わせ炊き詰めて製造するが、金目鯛は高価な素材のため、頭、内臓、骨を含め丸ごと原料としている。この「金目鯛味噌」とその他の具材を餡とし、一般的な温泉饅頭のラインを転用して製造している。県漁連が、水

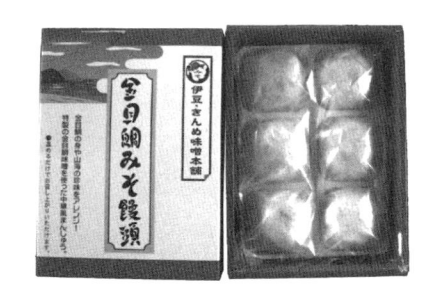

図 1.9 『金目鯛みそ饅頭』

産加工品も手掛けている伊豆急物産（株）に県水産技術研究所の技術を仲介し、研究所と静岡県中小企業団体中央会の支援を受けて同社が2008（平成20）年に商品化した。ここでは、商品化の際に行ったマーケティングリサーチ活動を紹介する。

このマーケティングリサーチも、資金も人材も決して豊かといえない小規模事業者であることから、前節で紹介した試食アンケート調査を用いて解析を試みている。

1) 調査の目的

ある程度製品は完成していたため、その評価と訴求ポイント調査を主眼とした。本来は製品評価とイメージ調査は別に行いたいところであるが、多くの事業者が何回も調査を行う余裕はないであろう。製品評価調査は、商品の最終レシピを確定するための改良点の確認である。イメージ調査は、商品ターゲットが「首都圏からの観光客」と漠然としていた

ため、階層ごとの商品に対するイメージを把握することで商品パッケージや店頭における訴求点を明らかにすることを主眼とした。なお、開発時点では「温泉饅頭タイプ」と「おやきタイプ」が存在したが、「おやきタイプ」は海水浴場での露店販売というコンセプトが確定していたため、調査は「温泉饅頭タイプ」のみで行った。

2) 調査の方法

伊豆急物産（株）は、伊豆半島東部の伊東と下田を結ぶ伊豆急行の系列会社であるため、同路線の下田駅と伊豆高原駅の駅売店に一定期間特設ブースを設置し、試食アンケートを実施した。また、商品が本当に消費者に受け入れられるかを知るため、試験販売も同時に行った。このようにして得た試食後の購入率と購入層は、本格販売に向けて重要な情報となる。

下田駅と伊豆高原駅はそれぞれ乗降客の客層が異なり、下田駅はやや年配者が多いのに対し、伊豆高原駅は比較的若い層が多い。また、調査はオフシーズンの平日に行ったため、ファミリー層は少なかった。現実的には、客の多いハイシーズンや休日には人手がないため調査が難しいことが多く、自ら動かなければならない小規模事業者の辛いところである。調査は2008（平成20）年1月13・14日の2日間実施し、462人から回答を得た（**図1.10**）。

図1.10 伊豆急駅構内で実施した試食アンケート調査

3) 調査結果（抜粋）

回答者の居住地は想定通り県外が8割で、その3/4が関東圏であった（最も多い東京都が全体の34％、次の神奈川県が13％）。女性が全体の65％、下田は40～50代、伊豆高原は20～30代が最も多かった。金目鯛が伊豆特産であることを知っていた人は73％と高かった。商品評価の高い人は、金目鯛を素材として感じている傾向が強かった。一方、これらの人は価格（80円/個）に対しては抵抗を感じていなかった。イメージ評価では「金目鯛が伊豆らしい」「魚原料で健康的」「魚臭が少ない」の評価が高かった。これらの結果からターゲットは首都圏40～50代女性とし、餡に入れる魚肉を工夫して、伊豆らしい「金目鯛」と、魚を

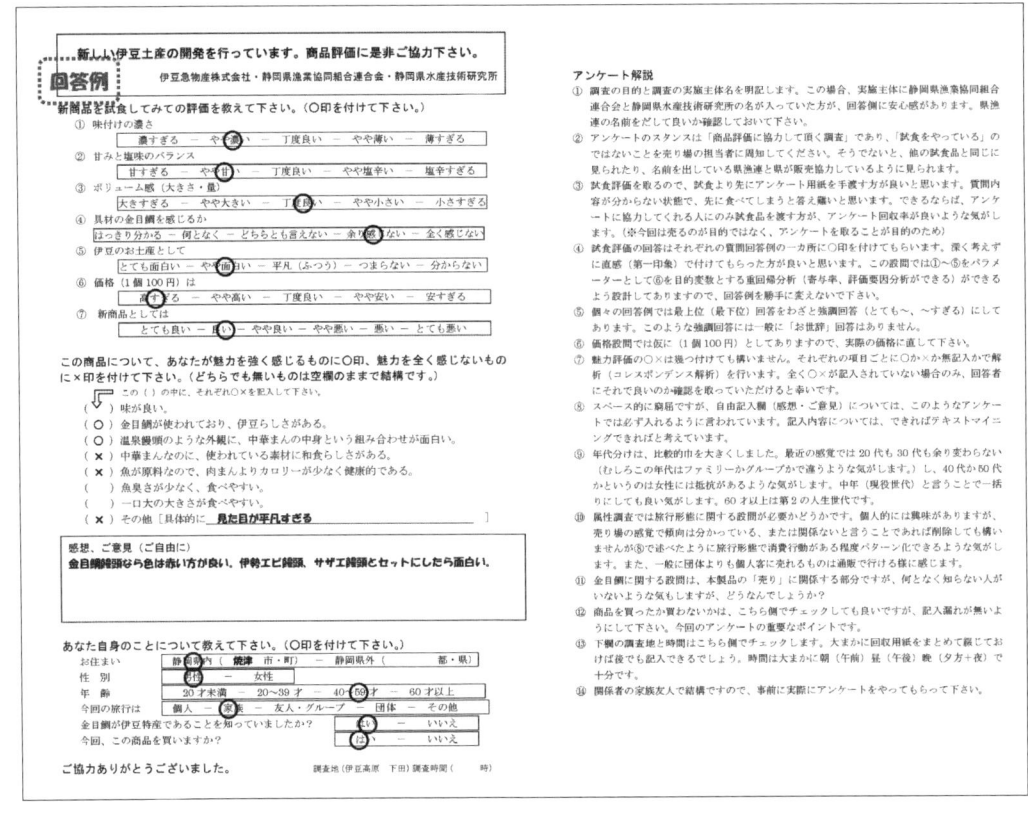

図 1.11 アンケートの回答見本（左）と、アンケート設計の意図解説および
実施に当たっての注意指示（右）

原料にしていることを前面に出して訴求することになった。

4) 調査結果の活用

静岡県漁業協同組合連合会（県漁連）、静岡県中小企業団体中央会が行った魚味噌商品化事業（創業支援事業・地域ブランド構築事業）によるデザイン支援に上記の結果を活かし、商品名やパッケージイラスト、配色に「金目鯛」のイメージを盛り込むことにした。価格は1個80円でも受け入れられそうだったので、1箱6個入り500円とした。

◆『金目鯛みそ饅頭』のマーケティング戦略のポイントと限界

○販売チャンネルが系列会社のため、アンケート調査によるマーケティングリサーチが想定ターゲットに対し行うことができた。
○伊豆という有名観光地のため、購入者がブログなどで紹介し注目された。
○冷凍かつ要加熱商品という商品の性格上、お土産品としては売りにくかった。

1.6.4 『さばじゃが君（さばじゃがくん）』

『さばじゃが君』は2012年の国際協同組合年の記念事業に合わせて、静岡県生活協同組合連合会（生協連）、静岡県漁連、静岡県経済農業協同組合連合会（経済連）が中心となって開発された企画型商品開発の一例である（図1.12）。この開発では生協連のネットワークを活用して、参加者が得意とするスキルを持ち寄って商品化が実現した。その中心となったのが「開発推進協議会」である。県内の協同組合が連携して「地産地消商品」を開発するというコンセプトで2011（平成23）年12月にスタートし、県内の水産物と農産物を使ったコロッケとして、焼津市小川港のゴマサバと浜松市三方原の馬鈴薯を使い、具のサバ魚肉と馬鈴薯の比率が2:1という、従来にない魚肉メンチカツと通常のコロッケの中間的製品という点で差別化を図っている（図1.13）。本開発では、開発当初に「魚肉がバレイショよりも多いコロッケ」という商品コンセプトと、スーパー惣菜という販売ターゲットを明確にして開発が進められた。これは、生協連傘下にコープしずおか※6（量販店頭）、パルシステム（宅配）、静岡大学生協（食堂）という広範なチャンネルを持っていたことが大きい。初期段階でこれらの商品担当者の意見を聞くことができたことにより、目標ターゲットを絞り、効率的な開発を行うことができた。

販売チャンネルが決定したことで、販売するコープしずおかとゴマサバを供給する小川漁業協同組合、製造を担当するサンレイ食品（株）が協議会に加わった。このように農商工連携の形式が整えられたことにより、県などの助成を受けて商品プロモーションが行えるようになり、販売促進に大きく寄与した。

商品は2012（平成24）年11月からコープしずおかの県内13店舗で販売され、初年度製造した4万個はほぼ2週間で完売した。翌2013年には焼津市学校給食、焼津市内の地元

図1.12 『さばじゃが君』

図1.13 『さばじゃが君』の訴求ポップ（県の農商工連携支援事業を活用して作成）

※6：現在はコープかながわ、市民生協やまなしと合併し、生活協同組合ユーコープとなっている。

スーパー4店舗、趣旨に賛同したスズキ自動車の社員食堂に販売先を拡げ、13万個を製造販売している。

地産地消商品は、産地が県内に限定されるため原料の安定供給が問題となるが、今回は生産者団体と協働することで供給体制を構築できた。また、量産品としてはロットが小さく、鮮度が大事な原料の供給時期と加工ラインを空けるタイミングが難しい。さらに、原料生産地～加工地～在庫地～販売店舗という物流の構築が大きな負担となる。『さばじゃが君』では、馬鈴薯の生産時期に合わせ8月一括製造となり、原料手配、製造時期の調整、物流を納入業者として県漁連が全て担った。

◆『さばじゃが君』のマーケティング戦略のポイントと限界
○原料供給から加工、販売、マーケティングと幅広い連携体制を構築した。
○幅広い連携体制から新たなサポーターを得る動きが見られた。
○同じスキームが次の商品開発でも活用できる。
○人事異動のある「人」にスキームが依存しており、一過性に終わる危険性を孕む。
○量はあっても収穫時期が限定される原料に依存しているため、販路に制限が生じる。
○原料の価格変動が大きく、生産を圧迫する。（原料サバの価格2012年45円/kgが2013年77円/kgとなり、予定生産量30万個が実生産13万個となった。）

1.6.5 「きんめ缶」（きんめかん）

「きんめ缶」は、春から夏にかけて多く漁獲される、魚価の安い小型の金目鯛を高く買い支え、さらにそれらを特産品として加工・販売して地域活性化に結び付ける商品として2012（平成24）年に伊豆漁業協同組合、（株）由比缶詰所、静岡県水産技術研究所が連携して商品化した（図1.14）。伊豆の下田市は金目鯛の水揚げが日本一であり、この金目鯛を使った6次産業化商品である。背景として東日本大震災以降、保存食である缶詰が改めて見直され、「缶つまシリーズ」のヒットなど、多少値が張っても特徴ある缶詰がブームになっていることで金目鯛のような価格の高い原料が使えるようになったこと、静岡県は缶詰産業が盛んで、レシピ開発だけすれば自ら加工設備を持つ必要がなく、缶詰会社に委託することができ製造ハードルが低いこと、また、漁協の経営が厳しく、新たな投資を伴う事業リスクを負うことができなかったことが挙げられる。

図1.14 「きんめ缶」

開発には6次産業化支援事業のアドバイザー支援を活用、地元デザイナーを登用し、缶詰のパッケージデザインおよびブランディングを行った。また、アンケート調査によるマー

図 1.15　きんめ缶の商品展開

1つだけだと目立たないが、色違いでシリーズデザインされた3種類のきんめ缶と、特製手拭いを加えたセット商品（写真左上）で売り場の存在感を演出している。セット商品は最初から土産商品であることを意識した価格設定であり、車で来る観光客が多いことも意識している。

ケティング分析を行い、1缶（平3号缶）500円という価格設定でも売れるという結果を受け、2012（平成24）年12月、水煮、綿実油漬け、バジル入りオリーブオイル漬けの3種類、約4,000缶を試験発売し、約2カ月後にはほぼ完売となった。そこで、翌年には製造数量を倍の約8,000缶に増やして本販売することになった。また、委託した（株）由比缶詰所が細かいレシピに対応、少量ロット製造も可能であったことも幸いした。さらに、缶詰博士こと黒川勇人氏が積極的にマスメディアなどでPRして頂いたことの反響が大きく、販売取り扱いを希望する業者からの問い合わせも多数あった。

なお、「きんめ缶」には、特製の手拭い（800円）と3種のきんめ缶をセットにした商品（2,000円）もある（図1.15）。これも本商品が伊豆土産であることを意識した商品戦略である。

◆「きんめ缶」のマーケティング戦略のポイントと限界
○缶詰ブームの時流に乗ったことと、黒川氏のサポートで注目を集めることができた。
○地域食材として知名度の高い金目鯛を使ったことで、価格受容度が高かった。
○常温保存可能なため持ち帰りに向いており、伊豆土産品としてインパクトがあった。
○原価率が高く、委託販売（卸販売）に制約があること、魚価が安くならないと採算がとれないことから、販売拡大できない。

〈6次産業化商品としての缶詰の利点〉
水産加工品には要冷蔵の商品も多いが、缶詰は常温保存可能で取り扱いが楽なので販売

場所を選ばない。また、賞味期限が長い（実際には半年ほど経ったものの方が美味しい）ことから長期に在庫を持てるため、初期ロットに時間をかけて長期的な販売戦略がとれる。このことから、開発当初は販売網が整備されていないため拡販が難しい6次産業化商品には非常に向いている。

― 最　後　に ―

　かつて日本各地には、地先の雑魚を使った独自の加工品や食習慣が浦々に存在し、地域外からの来訪者にとっては大きな魅力となっていた。しかし、排水処理規制の強化による地場すり身製造の衰退と、スケソウ冷凍すり身の普及による生産の合理化は、製品の画一化をもたらし、地域の練り製品の魅力を失わせてしまった。今、あらためてその失われた魅力を取り戻そうという動きが各地で見られる。

　地域農水産物を使った商品には大きな魅力がある。これまで述べてきたように商品の「モノ」としてだけでなく、その産地や生産者の魅力が大きな武器となっているからである。さらに、地域の人々の連携の輪が広がることで地域の活性化という大きなうねりを生み出す潜在力をも秘めている。したがって、地域商品の開発は一事業者だけではなく、地域の原料生産者や販売者、消費者を巻き込んで、どのように地域の食文化として盛り上げていくかという戦略にかかっているのではないだろうか。

　一方、地域農水産物を使うが故の課題も多い。その1つが量産化の壁である。地域の魅力が詰まった商品であるが故に、バイヤーの眼鏡に叶っても、大口需要に見合う原料の確保ができないため折角の良い話を断らざるを得なかった、広がる需要に応えるため原料調達の間口を広げた結果、原料コストの上昇を招き採算がとれなくなった、量産の結果、商品の魅力が薄れたなどの事例も多い。これらも、地域としての原料生産、加工、販売、消費者が連携を深め、それぞれWin-Winの関係を築き上げることで克服しなければならない。そのためには、地域行政に携わる者も連携の輪に加わり、手助けできることが大いにあるに違いない。

　これからも日本各地にそれぞれ魅力のある独自の加工品が生まれ、伝えられ、数多く存在し地域の魅力を主張することは、全ての人々にとって幸せなことである。その一端を多少なりとも担えることに大きな喜びを禁じ得ない。

第2章　地域水産物の加工技術と衛生管理

　地域水産物を加工する場合には、原料入手が年間を通じて一定でないことが多く、製造工程を一律化できない場合がある。しかし、このことが大手企業の参入を阻み、地域色豊かな水産物を消費者に提供することにつながっているケースもある。

　一方、現代社会は食の安全に対して極めて敏感になってきており、小規模な生産業者であっても自分が製造した製品の安全性はしっかりと保証しなくてはならない。

　本章では、数ある水産加工品の中から、あまり衛生管理手法がマニュアル化されていない加工品を取り上げ、その加工技術と衛生管理について解説する。特に本章では、実際に水産加工場で行った調査結果をもとにした検証が大きな特徴となっている。小規模加工業者や6次産業化を目指す1次生産者にとっては、衛生管理を考える上で大いに参考になるものと思われる。

2.1　塩　干　品

2.1.1　製品の特徴

　塩干品は、魚介類を塩漬けした後に乾燥させた製品である。塩干品の国内生産量[1]はやや減少傾向となっているが、2011（平成23）年には約19万トンが生産されている（**図2.1**）。塩干品の原料となっている主要な魚種は**図2.2**に示したとおりで、アジが最も多く、ホッケ、サンマ、サバ、イワシ、カレイなどが用いられている。原料には国産の生鮮または冷凍魚のほか、輸入品も用いられている。塩干品は、用いる原料魚の大きさや身の硬さなどによって加工方法が異なり、アジ、ホッケ、サンマ、カマス、エボダイなどは背開き、ま

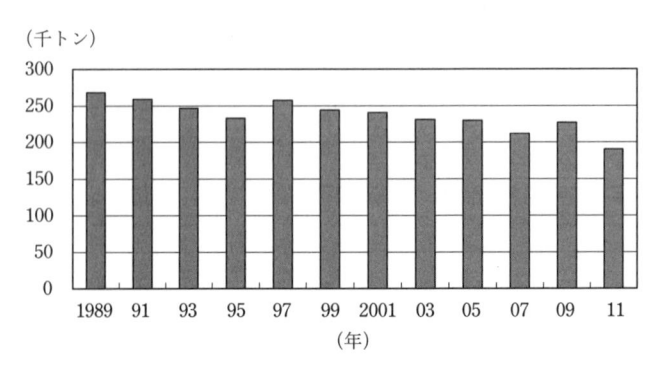

図2.1　塩干品の生産量

たは腹開きにしてから塩漬け、乾燥をする「開き干し」に、イワシなどの小型魚はそのまま塩漬け、乾燥をする「丸干し」に加工されている。以前は保存性に重点を置いて塩分濃度の高い塩干品が製造されていたが、近年では冷凍技術の進歩や食生活の変化によって、多くの製品が低塩分（1〜2%）となっており、冷凍流通が主体となっている。塩干品の利用は焼き魚がほとんどであり、一般消費者、外食産業、旅館などで利用されている。

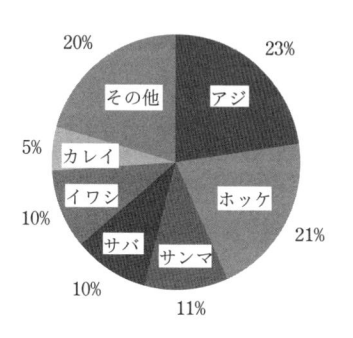

図2.2 塩干品製造に使用されている原料魚（2011年）

2.1.2 あじ開き干しの製造工程

あじ開き干しの製造工程を**図2.3**に示した。

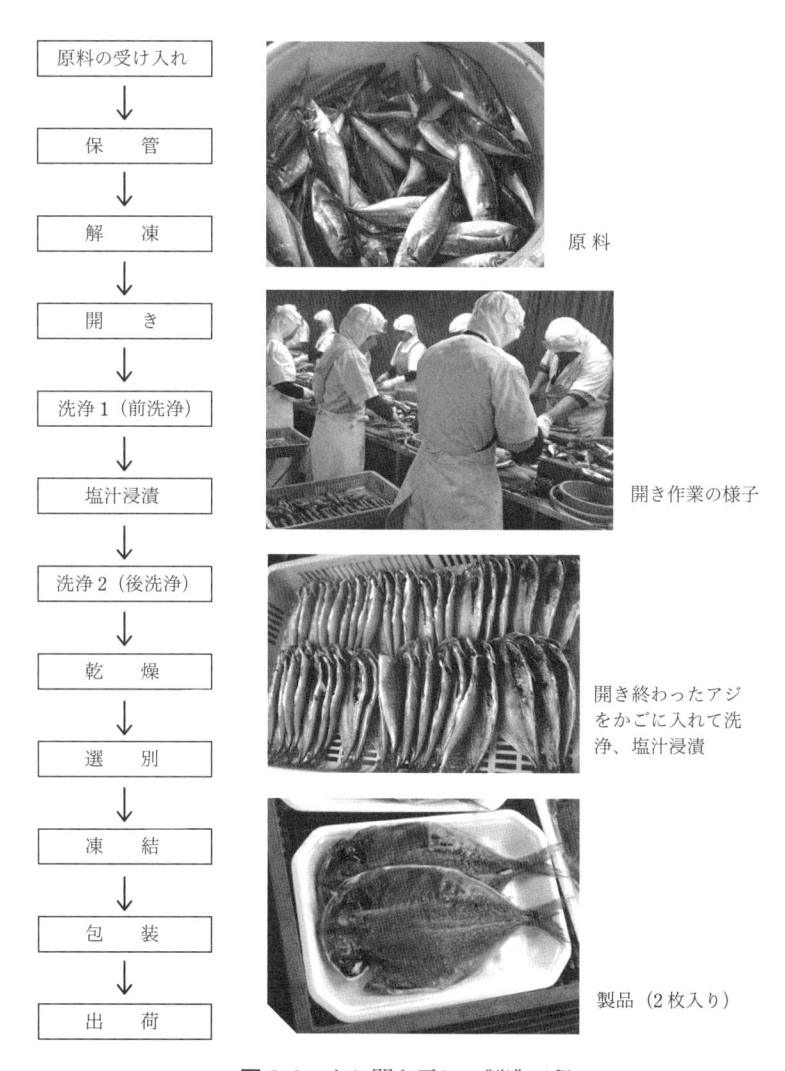

図2.3 あじ開き干しの製造工程

1) 原料の受け入れ・保管

原料は水揚げ後、直ちに凍結され、水揚げ地または加工地で冷凍保管される。輸入品は船内凍結品が多い。受け入れた原料は－30～－40℃で保管される。

2) 解凍

作業日の前日または当日の早朝から解凍を行う。解凍は水への浸漬、散水、冷風などの方法により行われている。解凍し過ぎず、硬めの方が開きやすい。

3) 開き

えら、内臓を除去して腹開きする。手作業で行うことが多いが、機械開きで行うこともある。

4) 洗浄1（前洗浄）

開いた魚を真水に晒したり、ジェットウォッシャー、自動洗浄装置などを用いたりして、内臓や血などの不純物を取り除く。

5) 塩汁浸漬

魚体の大きさや脂肪含量を考慮し、塩分濃度18～20％の塩汁に15～30分漬ける。塩汁は冷凍機により0～5℃くらいに保たれている。

6) 洗浄2（後洗浄）

塩汁浸漬後の魚を再度水洗いし、表面に付着している塩汁を流す。方法は前洗浄と同様である。

7) 乾燥

水切りしながら原料をセイロに並べて乾燥する。乾燥には温風、冷風、天日の3種類の方法が採用されている。各乾燥法の特徴は、**表2.1**に示したとおりである。各乾燥法にはメリット、デメリットがある。すなわち、25℃以下の温度で乾燥する「冷風乾燥」は色が良好に仕上がるが乾燥に要する時間は長い。一方、「温風乾燥」や「天日乾燥」は変色しやすい。また、「天日乾燥」は風味が良好であるが、天候に左右されるため機械乾燥に比べて工程の管理がしにくい。

表2.1　各種乾燥方法の特徴

	冷風乾燥	温風乾燥	天日乾燥
温度	25℃以下	30℃以上	太陽熱で乾燥
メリット	・色が良い ・ドリップが少ない	・保水性が高い ・表面がパリッと仕上がる ・食感がジューシー	・昔ながらの干物 ・風味がよい
デメリット	・時間がかかる	・変色しやすい	・変色しやすい ・雨天には生産できない ・衛生管理に気を使う

8) 選別

選別機により重量ごとに選別する。

9) 凍結

−40℃で2〜3時間凍結する。ただし、急速凍結すると製品に亀裂が入る場合があるので、−15〜−20℃で30分程度予冷した方がよい。

10) 包装

エアーを噴きかけて霜や不純物を取り除いた後、トレーや発泡スチロールにつめて出荷する。

2.1.3 工場内の衛生状況

静岡県沼津市内のあじ開き干し工場での調査結果を例に挙げて説明する。

1) 工程ごとの生菌数の推移

図2.4は、あじ開き干し工場内で各工程の終了時におけるアジの一般生菌数の推移を示したものである。はじめに、魚肉中の一般生菌数の挙動について説明する。冷凍魚を水解凍し終わった時点における魚肉中の一般生菌数は10^2個/g以下と極めて少なかったが、「開き」、「前洗浄」、「塩汁浸漬」、「後洗浄」と工程が進むにつれて一般生菌数は上昇し、「乾燥」終了時には10^4個/gとなっていた。一方、表皮の一般生菌数は解凍時点で10^3〜10^4個/$10\,cm^2$となっており、「乾燥」終了時は10^3〜10^5個/$10\,cm^2$と解凍時よりも少し上昇していた。

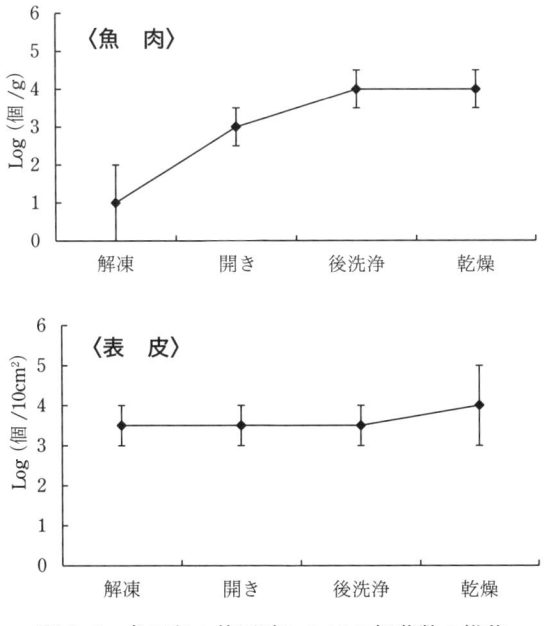

図2.4 各工程の終了時における細菌数の推移

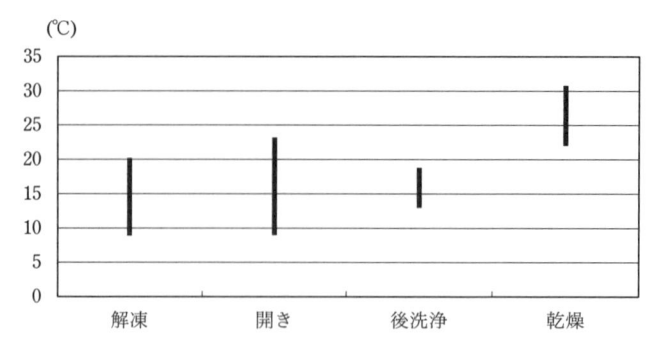

図2.5　各工程の終了時における魚体中心温度の推移

2) 工程ごとの魚体温度の推移

図2.5は、工程ごとの魚体中心温度の推移を示したものである。冷凍の原料アジを同じ解凍タンク内で解凍しているにも関わらず、解凍終了時点での魚体中心温度は9〜20℃とバラツキが大きかった。この傾向は「開き」工程でも同様であった。すなわち、「開き」工程は作業時間が短いため、低温の原料は「開き」後も低温であり、「開き」工程で既に高温となっている原料は「開き」後も高温であった。その後、「塩汁浸漬」工程では低温の塩汁に原料を浸漬しているため、「後洗浄」が終わった魚体の中心温度は13〜19℃と比較的均一になっていた。「乾燥」終了時における魚体中心温度は、冷風乾燥機を使用したものが22℃、温風乾燥機により行われたものでは31℃であった。

2.1.4　衛生管理向上のポイント

表2.2にあじ開き干し製造における各工程の作業時間、施設内の衛生状況、衛生管理向上のポイントをまとめた。

1) 作業時間と温度

工程の中に殺菌がないあじ開き干しの製造では、作業時間が長くなると細菌の増殖や付着の危害が起こりやすくなる。全体の作業工程のなかでは「解凍」と「乾燥」で1時間以上かかっているが、それ以外の工程は5〜30分と比較的短い時間であった。したがって、あじ開き干し製造の衛生管理を向上させるポイントとして、全体を通しての作業時間を管理することが重要であると考えられた。なお、「塩汁浸漬」工程で使用される塩汁は温度が5℃と低温で管理されているので、細菌増殖の可能性は低いと考えられた。

2) 解凍

作業時間が長くなる場合があるので、解凍タンク内を一定時間ごとに攪拌するなどして原料魚の温度を均一にすることが重要である。

3) 開き

作業時間は短いので細菌増殖の心配は低いが、作業台の一般生菌数は比較的多くなって

表 2.2 各工程における施設内の衛生状況と衛生管理向上のポイント

工 程	作業時間	施設内の衛生状況	衛生管理向上のポイント
解 凍	1〜3時間		★解凍タンク内での原料魚温度を均一にする
開 き	5〜15分	・作業台の生菌数 10^4〜10^5個/10cm^2	★作業台の洗浄（手順書の作成）
洗浄 (1)	5〜30分		★洗浄方法の検討
塩汁浸漬	10〜30分	・塩汁水温 3.5〜8.7℃ ・塩汁中の生菌数 10^5〜10^6個/mL	★塩汁の温度、濃度、交換方法の検討
洗浄 (2)	5〜15分		
乾 燥	30分〜2時間	・乾燥機内の落下菌 0個/10cm^2/5min	
包 装		・包装室の落下菌 0個/10cm^2/5min ・包装トレーの付着菌 0〜3個/10cm^2 ・包装者の手・手袋の付着菌 4〜280個/10cm^2	★手袋交換、手洗いの徹底（手順書の作成）
凍 結			★保管条件の管理（温度、期間）
全 体			★作業時間の管理

おり、作業台から製品への細菌付着が懸念される。よって、作業台の洗浄の徹底が重要ポイントと考えられた。

4) 洗浄・塩汁浸漬

塩汁の温度は低いものの塩汁中の一般生菌数は比較的多かった。したがって、塩汁の温度、濃度、さらには交換方法などの管理に注意が必要と考えられた。これについては次項で検証する。

5) 乾燥

乾燥機内が汚れていると風の吹き付けによる細菌付着が懸念されるが、今回の落下菌検査の結果では、乾燥機内からは落下菌は検出されなかった。

6) 包装

包装室内の落下菌や包装資材（トレー）の付着菌は検出されなかったが、包装者の手や手袋から付着菌が検出された。したがって、手洗いや手袋交換を徹底することが重要である。

2.1.5 製造工程の検証

あじ開き干し工場における衛生管理ポイントについては、平井ら[2]が「塩汁浸漬」と「酸化防止剤浸漬」工程で検証を行った結果、いくつかの有効な方法を提案している。本項ではその概要を紹介する。

1) 塩汁浸漬

前項で記述したように、塩汁は低温で管理されているものの生菌数は比較的多い。平井ら[2]は、塩汁の塩分濃度を0～15%に変えて原料アジを浸漬させたときのアジの一般生菌数がどのようになるか検証した（**図2.6**）。浸漬してから70時間後のアジの一般生菌数は5～15%のいずれの塩分濃度でも減少しており、塩分濃度が高いほど、菌の増殖が抑制される傾向が見られた。したがって、①塩汁の塩分濃度は常時10%以上に維持すること、②塩汁の温度上昇を抑えるため原料魚の大量投入を避けること、さらには③前後の洗浄工程で使用する水は十分に換水させて衛生的にすることで、製品の付着細菌数を低減できると考えられた。

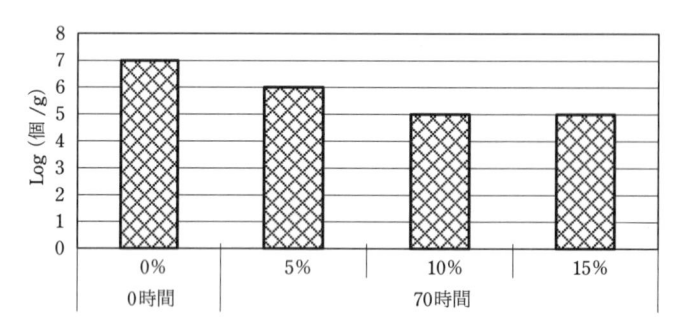

図2.6 塩分濃度の違いによる一般生菌数の変化（平井ら、2012）

2) 酸化防止剤浸漬

あじ開き干しの酸化を防止するために、「塩汁浸漬」と「洗浄」工程のあとに酸化防止剤を浸漬または噴霧してから乾燥する場合がある。**表2.3**は浸漬、噴霧、使用なしの3種類の方法で酸化防止剤を洗浄工程のあとに使用したときの、原料アジの一般生菌数、大腸菌群、大腸菌の測定結果を示したものである。この結果から、酸化防止剤に浸漬して製造する場合よりも噴霧して製造する方が、さらに、酸化防止剤を使用しないで製造したアジの方が一般生菌数、大腸菌群ともに低い値を示していた。多くの施設では酸化防止剤を冷却機能のない槽で真水にて使用している。したがって、本工程では細菌の増殖抑制効果は期待できず、むしろ細菌が増殖してしまう。よって、①酸化防止剤は溜め水での使用は避け、衛生的に調整したものを噴霧方式で使用するか、②洗浄のあとには行わず、塩汁槽に酸化防止剤を添加してしまう方法が効果的であると考えられた。

表2.3 酸化防止剤添加の検証（平井ら、2012）

	浸漬	噴霧	使用なし
一般生菌数	1.1×10^5	1.3×10^4	5.6×10^3
大腸菌群	805	305	150
大腸菌	陰性	陰性	陰性

2.2 素干し品

2.2.1 製品の特徴

　素干し品は、水揚げ直後の魚介類または高鮮度の冷凍原料を解凍後、水洗してから乾燥させた製品である。素干し品の国内生産量[1]は減少傾向となっており、2011（平成23）年には約1万6,000トンとなっている（**図2.7**）。イカ類を乾燥させた製品である「するめ」の生産量が最も多く（**図2.8**）、主要な生産地は北海道である。イカ類の素干し品は「するめ」以外に「一夜干し」がある。このほか、かたくちいわしを原料にした「田づくり」「たたみいわし」や「干しだこ」、「身欠きにしん」、「素干しさくらえび」など数多くの製品が製造されている。素干し品は焼いて食べるものが多いが、「身欠きにしん」は「にしん漬け」や「昆布巻き」、「甘露煮」のほか、「にしんそば」としても使われている。乾燥度合いの強い製品は常温流通が可能であるが、近年では低温流通技術の発展により、色、香りなどの品質を重視するため冷凍で流通されることが多い。

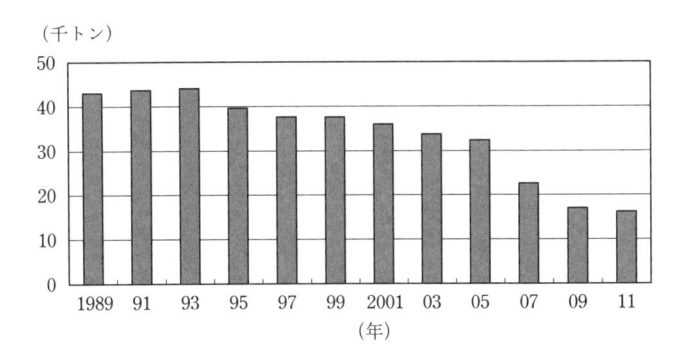

図 2.7　素干し品の生産量

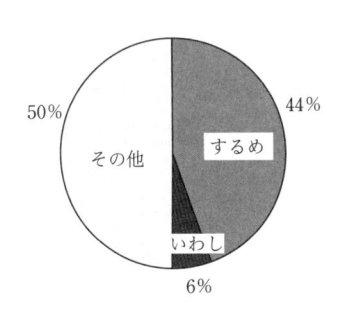

図 2.8　主要な素干し品（2011 年）

2.2.2　素干しさくらえびの製造工程

　素干しさくらえびの製造工程を**図2.9**に示した。
1)　原料の受け入れ

　日没後に漁獲・水揚げされたサクラエビは冷蔵庫で保管され、翌朝のセリで加工業者が原料を入手する。

2)　水洗

　セリで落札されたサクラエビは十分に水洗され、ヒゲが除去される。

3)　乾燥

　水洗後、干し場にて、熱を吸収しやすい黒いナイロン網上に薄く広げて天日乾燥される。通常、春季は1日間、秋季は2日間乾燥して製造されている。機械乾燥でも製造できるが、一度に大量に製造でき、かつ品質も良好な天日乾燥が主流となっている。

```
原料の受け入れ
    ↓
  水  洗
    ↓
  乾  燥
    ↓
  保  管
    ↓
  包  装
    ↓
  出  荷
```

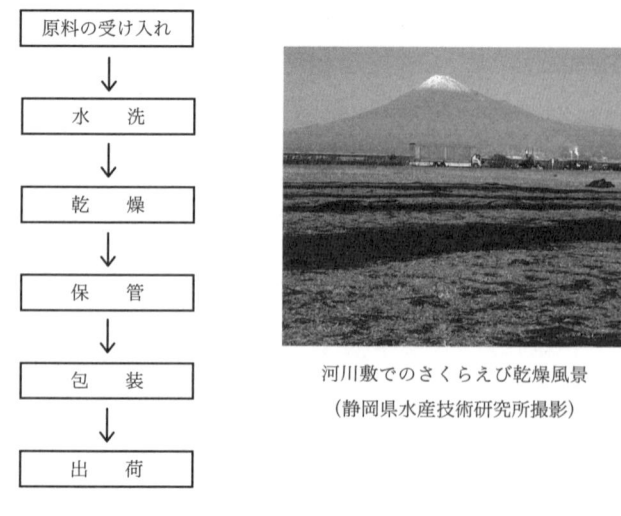

河川敷でのさくらえび乾燥風景
（静岡県水産技術研究所撮影）

図2.9 素干し品の製造工程

4) 保管

直ちに包装しない場合は冷蔵または冷凍で保管される。

5) 包装

小売用に小袋包装、または市場向けにダンボール詰めにして出荷される。

2.2.3 製造工程中の一般生菌数の推移

素干しさくらえび製造工程での調査結果を例に挙げて説明する。なお、調査時は秋であったため、サクラエビの天日乾燥は2日間にわたって行われた。

図2.10に素干し製造の各工程終了時におけるサクラエビの一般生菌数の推移を示した。原料を受け入れた時点におけるサクラエビの一般生菌数は$10^2 \sim 10^3$個/gと比較的少なく、天日乾燥終了時も大きな上昇は見られなかった。

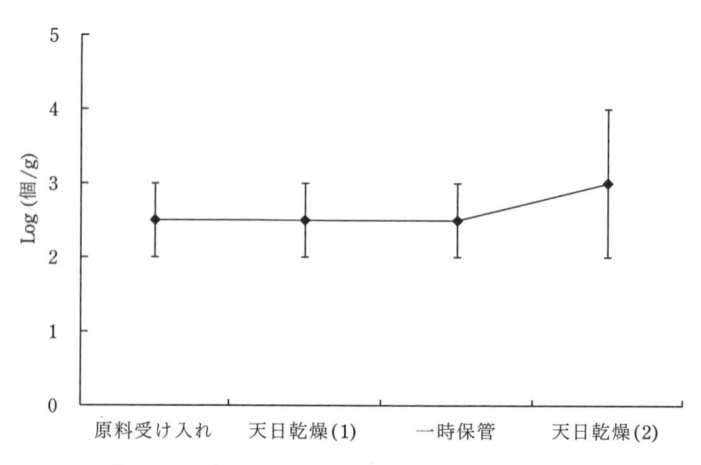

図2.10 各工程の終了時における細菌数の推移

2.2.4 衛生管理向上のポイント

表 2.4 に素干しさくらえび製造における各工程の施設内の衛生状況、衛生管理向上のポイントをまとめた。

1) 原料受け入れ

サクラエビ漁は日没後に行われるので、漁獲物は翌日のセリまでの間、冷蔵保管される。本調査結果では、サクラエビの品温は5～14.4℃とバラツキが見られたので、均一な温度管理になるように工夫が必要と考えられた。

2) 天日乾燥（1）

干し場では、落下菌は少なかったが、網の生菌数はやや高かった。したがって、網の洗浄が必要と考えられた。また、乾燥中の異物混入にも注意が必要である。

3) 一時保管

秋漁では気温が低いため、しばしば2日間にわたる乾燥が行われる。そのため、乾燥1日目のサクラエビは保管庫に収納される。保管庫の温度は－7～0℃と低く、また、落下菌も検出されず、衛生状態は良好であった。今回の事例のように、なるべく低温で保管中の細菌増殖を抑制することが重要である。

4) 天日乾燥（2）

乾燥終了時の製品の水分は保存性に大きく関与するので、最終製品の水分を定期的に測定する必要がある。

5) 冷凍保管

保管期間が長い場合には冷凍で保管するなど、保管期間に応じた温度で管理する必要が

表 2.4 各工程における施設内の衛生状況と衛生管理向上のポイント

工　程	施設内の衛生状況	衛生管理向上のポイント
原料受け入れ	・品温 5～14.4℃	★漁獲から乾燥までの原料サクラエビの温度管理
天日乾燥 (1)	・干し場の細菌数 　網　　：10^4～10^5 個/10cm^2 　落下菌：0～3 個/10cm^2/5分間	★干し場の定期的な洗浄、手入れ ★天日乾燥中の異物混入の防止
一時保管	・保管庫の状況 　温度　：－7～0℃ 　落下菌：0 個/10cm^2/5分間	★なるべく低温で細菌増殖を抑制
天日乾燥 (2)		★乾燥終了時の水分管理
冷凍保管		★保管期間に応じた保管温度の管理
小袋包装	・包装室の細菌数 　落下菌　　：1～4 個/10cm^2/5分間 　作業者の手：42 個/10cm^2 　包装袋　　：0 個/10cm^2	★包装室は他の作業スペースと仕切るとともに床は完全乾燥とし、なるべくクリーンに保つ

ある。

6) 包装

包装室では落下菌が少なく、また包装袋からは細菌が検出されなかったが、作業者の手からは細菌が検出された。したがって、洗浄マニュアルなどを作成することにより作業者の手指の洗浄を徹底することが大切である。包装室は他の作業スペースと仕切るとともに床は常に乾燥状態とし、清潔に保つことが望ましい。

2.2.5 製造工程中の成分変化

素干しは、魚介類を生のまま乾燥させた加工品であること、製造中に加熱工程がないこと、乾燥工程が比較的長いこと、天日乾燥で製造される場合もあることなどから、製造中、すなわち乾燥中の製品の品質変化に関する知見を整理することは、製造工程を管理する上で極めて重要である。ここでは、サクラエビを天日乾燥して素干し製品を試験的に製造した実験結果を基に、素干し製品の製造工程中の品質変化について検証する。

1) 天日乾燥中の水分変化

図2.11に、サクラエビ（3ロット）を天日乾燥したときの水分の変化を示した。実験を行った日は5月であり、当日の乾燥条件は平均気温23.0℃、平均風速0.55 m/s、ナイロン網の平均表面温度30.7℃であり、天日乾燥には好条件であった。サクラエビの水分は乾燥

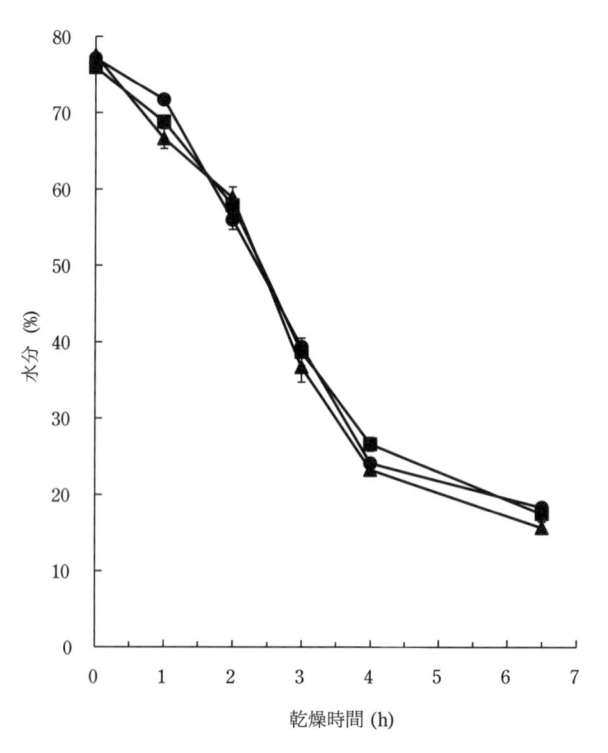

図2.11　天日乾燥中のサクラエビの水分変化

開始直後からほぼ直線的に減少し、3時間後に40％以下、4時間後に30％以下となり、乾燥終了時の6時間30分後には20％以下となった。

2) 天日乾燥中のK値変化

図2.12に天日乾燥中のK値の変化を示した。サクラエビのK値は乾燥開始後2～3時間まで上昇したが、その後は横ばいとなった。K値は、生体内のATPが分解酵素によって生じる生成物の割合を示したもので、魚介類の鮮度指標としてしばしば用いられている。サクラエビのK値は乾燥開始後2～3時間で上昇が止まり、一定になった。したがって、この時点でサクラエビの酵素反応が止まったものと考えられた。

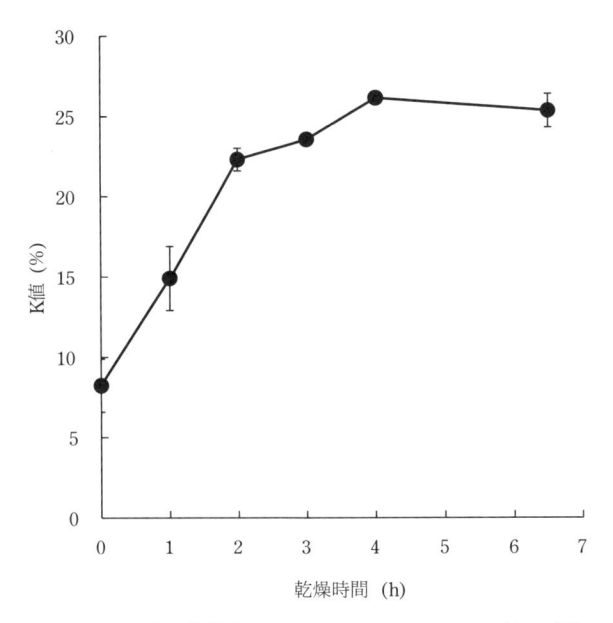

図2.12 天日乾燥中におけるサクラエビのK値の変化

3) 天日乾燥中の揮発性塩基窒素（VBN）の変化

図2.13に、天日乾燥中の揮発性塩基窒素（VBN）の変化を示した。VBNは細菌などの関与により生成された揮発性のアミン類などであり、鮮度指標としてしばしば用いられている。サクラエビのVBNは乾燥開始後3時間で上昇が止まり、その後は一定になった。したがって、この時点で細菌の作用が止まったものと考えられた。

4) 素干しさくらえびのアスタキサンチン量の変化

図2.14に、5℃と30℃で素干しさくらえびを90日間貯蔵したときのアスタキサンチン量を示した。5℃は冬季の、30℃は夏季の外気温を想定した貯蔵条件である。貯蔵開始時のサクラエビのアスタキサンチン量は29.7mg/100gであったが、5℃、30℃いずれもアスタキサンチン量は貯蔵中に減少し、30℃の方が大きく減少した。貯蔵30日後のアスタキサンチン残存率は5℃貯蔵区で61.6％、30℃貯蔵区で20.2％であった。貯蔵90日後のアスタキ

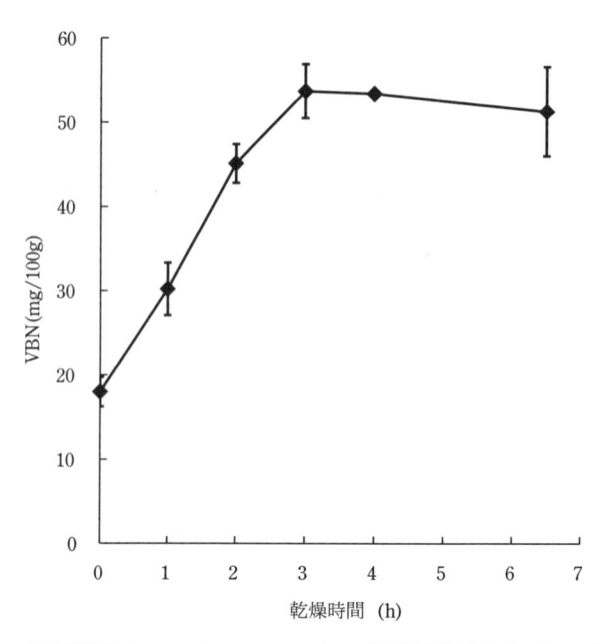

図 2.13 天日乾燥中におけるサクラエビの揮発性塩基窒素（VBN）の変化

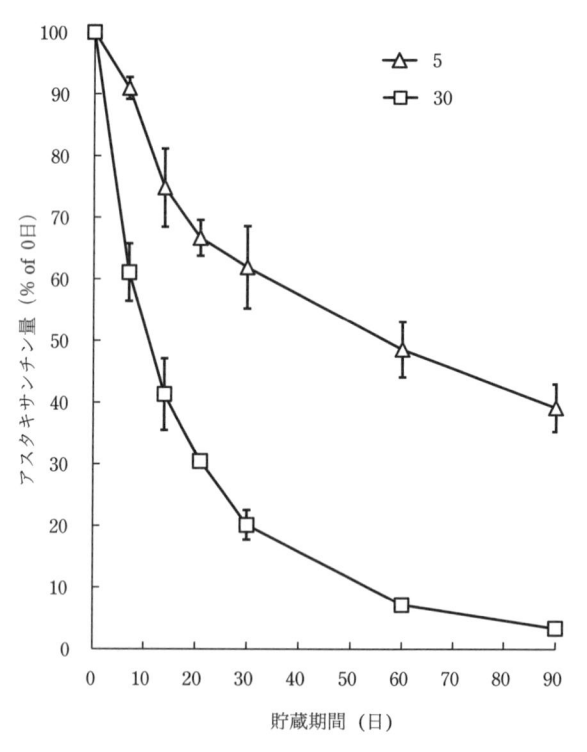

図 2.14 貯蔵中における素干しさくらえびのアスタキサンチン量の変化

サンチン残存率は5℃貯蔵区で39.1％であったが、30℃貯蔵区では3.4％とほとんど残っていなかった。

5) 素干し製品を製造する際の重要ポイント

今回の天日乾燥条件では、乾燥開始3時間後にサクラエビの水分は40％以下になり、この時点で酵素の挙動を示すK値の上昇と細菌の挙動を示すVBNの上昇は停止した。このことから、良好な素干し製品を製造するためには、乾燥開始後速やかに乾燥を進行させて製品の水分を低下させることが重要と考えられた。したがって、各素干し品製造現場において、乾燥条件と乾燥度の進行状況を把握して、乾燥開始後できるだけ速く製品の水分を40％以下にすることが重要と考えられた。

2.2.6 国産品と輸入品との判別技術

サクラエビ（*Sergia lucens*）は、体長4〜5cmの小型の遊泳性の甲殻類で、日本国内でサクラエビ漁業が行われているのは静岡県の駿河湾のみである。駿河湾のほかに、台湾周辺海域（南西部の東港沖および北東部の亀山島沖）でもサクラエビ漁業が行われているが、駿河湾と台湾周辺海域以外でサクラエビが漁獲されたという報告はない。つまり、サクラエビ漁場は駿河湾と台湾周辺に限られており、さくらえび製品の産地は駿河湾と台湾の2産地しか存在しない。しかし両者の価格を比べると、台湾産は駿河湾産の約半分程度と安価であることから、科学的根拠に基づいた両者の判別技術が求められている[3]。

表2.5に、産地や魚種を判別する技術として用いられている成分値と、その特徴を示した。よく用いられる判別の方法は、①DNA分析、②微量無機元素分析、③安定同位体比分析である。

DNA分析は、魚種の違いなどを明らかにする技術である。例えばマグロ属では、クロマグロが非常に高価であるのに対して、キハダやビンナガは比較的安価である。このように、魚種によっては近縁種間で価格差が大きいものでは、切り身や刺身における偽装表示がしばしば問題となる。このような魚種が異なる場合には、DNA分析によりクロマグロ、ミナミマグロ、メバチ、キハダ、ビンナガなどが判別できるだけでなく、太平洋産クロマグロと大西洋産クロマグロを判別することも可能である。

一方、水産加工品では原料原産地の表示が義務づけられているが、あじ干物を例にとれば、国産のあじ干物の原料はマアジだが、海外から干物用原料として輸入されているアジは、ニシマアジであることから、DNA分析により原料原産地の判別が可能となる[4]。

以上のように、DNA分析は魚種が異なる場合、あるいは、同じ魚種でも産地間で遺

表2.5 判別分析に用いられる成分値とその特徴

成分値	特徴
DNA	魚種間の遺伝的な違い
微量無機元素	土壌、餌、生息環境水を反映
安定同位体比	生息地域、生息環境を反映

伝的な差がある場合などに有効な産地判別技術である。

次に、微量無機元素分析だが、これは農作物中の無機元素（鉄、リン、カルシウム、マグネシウムなど）の組成が、生育する土壌に含まれている無機元素の組成を反映することや、水産物中の無機元素の組成が、餌や生息環境水中の組成を反映することなどを利用した判別技術である。長ネギ、たまねぎ、しょうが、にんにくといった農作物では既に産地判別技術として活用されているほか、水産物ではノリ、ウナギなどにおいて判別技術としての可能性が示されている[5]。

3つめの安定同位体比分析だが、まず、安定同位体について炭素を例に挙げて説明する。炭素には、炭素12と炭素13と呼ばれる重さの異なる2種類の安定な原子が存在する。それらの存在割合を炭素安定同位体比（$δ^{13}C$）といい、窒素についても、同様に窒素14と窒素15が存在しており、それらの存在割合を窒素安定同位体比（$δ^{15}N$）という。この安定同位体比は、生息地域や生息環境の値を反映するとされ、特に動物の炭素安定同位体比と窒素安定同位体比は、餌の安定同位体比の値を反映することが知られている[3]。

2.2.7　サクラエビの判別

サクラエビは、駿河湾産と台湾産が生物学的に同じ種類であるとの報告がある[4]ことから、DNA分析による判別は困難であると考え、生息環境や餌の影響を反映するとされている炭素安定同位体比および窒素安定同位体比を測定し、産地判別の可能性について検討を行った。

著者らは、さくらえび製品として生食用さくらえび（以下、生さくらえび）のほか、素干しさくらえび（以下、素干し）、釜揚げさくらえび（以下、釜揚げ）の3種類について、それぞれ駿河湾産と台湾産の炭素および窒素安定同位体比の分析を行った。その結果、**表2.6**に示したように、生さくらえび、素干し、釜揚げの全てにおいて駿河湾産の炭素安定同位体比および窒素安定同位体比の平均値は、台湾産より有意に高かった（$p<0.001$）。

沿岸域や内湾に生息する生物の炭素および窒素安定同位体比は、沖合に生息する生物よりも高い傾向があり、それは、我々人間が日々の生活の中で排出している炭素および窒素

表2.6　生、素干しおよび釜揚げさくらえびにおける駿河湾産と台湾産の安定同位体比

製品	〈炭素安定同位体比（‰）〉		製品	〈窒素安定同位体比（‰）〉	
	駿河湾産	台湾産		駿河湾産	台湾産
生	-17.3 ± 0.3^a	-17.6 ± 0.6^b	生	9.7 ± 0.8^a	7.8 ± 0.5^b
素干し	-17.5 ± 0.3^a	-17.9 ± 0.3^b	素干し	8.8 ± 0.4^a	8.0 ± 0.4^b
釜揚げ	-17.7 ± 0.3^a	-18.2 ± 0.2^b	釜揚げ	9.5 ± 0.2^a	7.9 ± 0.3^b

注1　数字は平均値 ± 標準偏差を示す
注2　同一製品において異なる符号間（a、b）で有意差（$p<0.001$、t検定）があることを示す

安定同位体比の高い有機物が、沿岸域や内湾の生物の安定同位体比に影響を与えているためであるという報告がある[6,7]。

駿河湾および台湾のサクラエビ漁場を比較すると、駿河湾は日本で最も深く、奥行の深い湾であるのに対し、台湾周辺漁場は開放的で浅い[3]という違いがある。さらに、台湾周辺海域には、窒素安定同位体比の低い有機物を作り出す藍藻類（*Trichodesmium* 属など）が生息していることが知られており、こうした生物の影響によって、台湾周辺や東シナ海に生息している生物の窒素安定同位体比は他の海域の生物よりも低いと考えられている。今回見られた駿河湾産と台湾産さくらえび製品の炭素および窒素安定同位体比の差は、こうした生息環境の違いを反映した結果だと思われる。

さくらえび製品の炭素および窒素安定同位体比の平均値には、駿河湾産と台湾産で統計的に有意な差が見られたが、その一方で、分布図（図 2.15〜2.17）においては、生さくらえびや素干しで、駿河湾産と台湾産の炭素および窒素安定同位体比の分布に一部重なりが見られている。

以上の結果から、現時点では安定同位体比分析の結果のみで1尾のサクラエビの産地を特定することは難しい状況であるが、複数のサクラエビについて分析を行った結果をもと

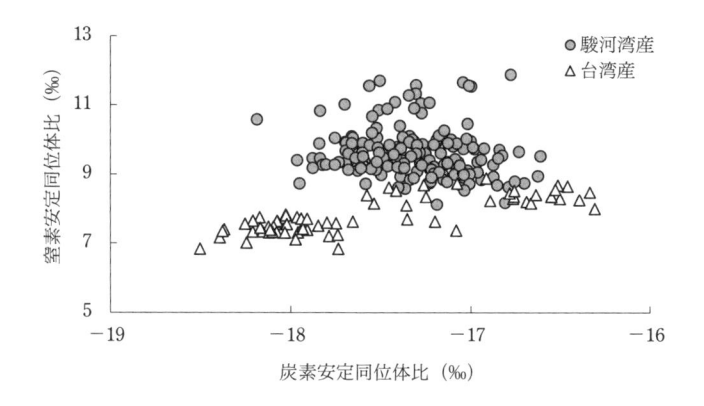

図 2.15 生さくらえびの炭素・窒素安定同位体比の分布

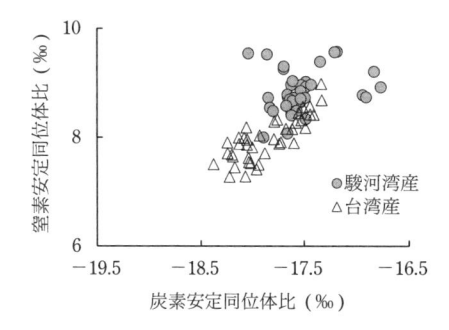

図 2.16 炭素・窒素安定同位体比の分布（素干し）

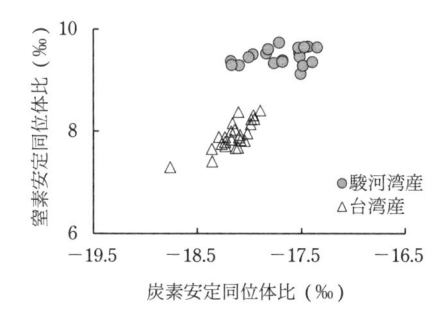

図 2.17 炭素・窒素安定同位体比の分布（釜揚げ）

に、そのロットの産地を推定することは可能であると考える。

今後、さらに分析を行ってデータを増やしたり、微量無機元素分析など他の分析手法と組み合わせたりすることによって、駿河湾産と台湾産のさくらえび製品の産地判別の精度はさらに向上するものと考える。

2.3 塩蔵品

2.3.1 製品の特徴

塩蔵品は魚介類に塩を振りかけたり、食塩水に漬けたりすることにより、魚介類の塩分濃度を上げて保存性を向上させた製品である。塩蔵品の国内生産量[1]は 1989（平成元）年には 35 万トンであったが、その後徐々に減少してきており、2003（平成 15）年以降は 20 万トン前後で推移している（**図 2.18**）。塩蔵品の製造に用いられる主要な原料はサケ・マス、サバ、サンマ、タラ類イワシなどの魚類（**図 2.19**）のほか、いくらやたらこに代表される魚卵、さらにはくらげなどである。サケ・マス類やタラ類はフィレーで真空包装されて出荷されることが多く、製品は量販店のバックヤードで切り身にしてトレーパックに入れて販売されている。購入後は焼き魚、煮魚、鍋物として利用されている。サバは背開きにしてえらと内蔵を除いてからふり塩した塩さば（青切り）と、フィレーにして塩水に漬けたさばフィレーが生産されている。塩さばは、しめさばや関西方面で有名なさば寿司として利用されるほか、輸入品などは焼き魚として利用されている。主な購入者は一般消費者のほか、料理店や 2 次加工業者である。

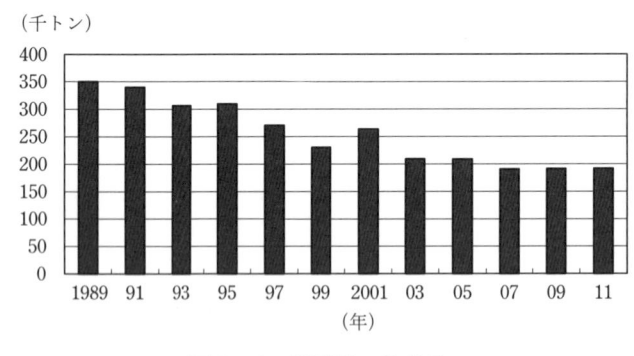

図 2.18 塩蔵品の生産量

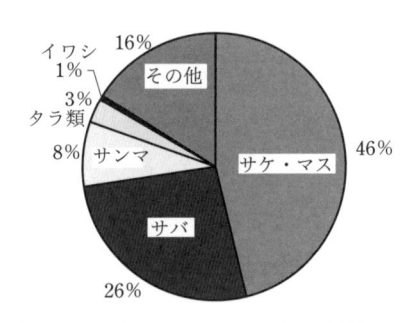

図 2.19 塩蔵品に加工される原料魚の種類（2011 年）

2.3.2 塩さばの製造工程

塩さばの製造工程を**図 2.20** に示した。

1) 原料の受け入れ・冷凍保管

原料は国産のほか輸入品も用いられている。体重 500g 以上の、鮮度が良く脂肪を多く

含んだ大型のマサバを冷凍保管して使用している。

2) 解凍

海水または真水中で解凍される。生切り時に身割れしないよう半解凍に留めている。

3) 生切り

包丁を用いて背開きにし、えらと内臓を除去する。

4) 洗浄

流水やシャワーなどで洗浄し、内臓や血などの不純物を取り除く。

5) 塩ふり

開いた肉の表面に手作業により塩をふりつけ、開きを閉じた状態で箱詰めされる。

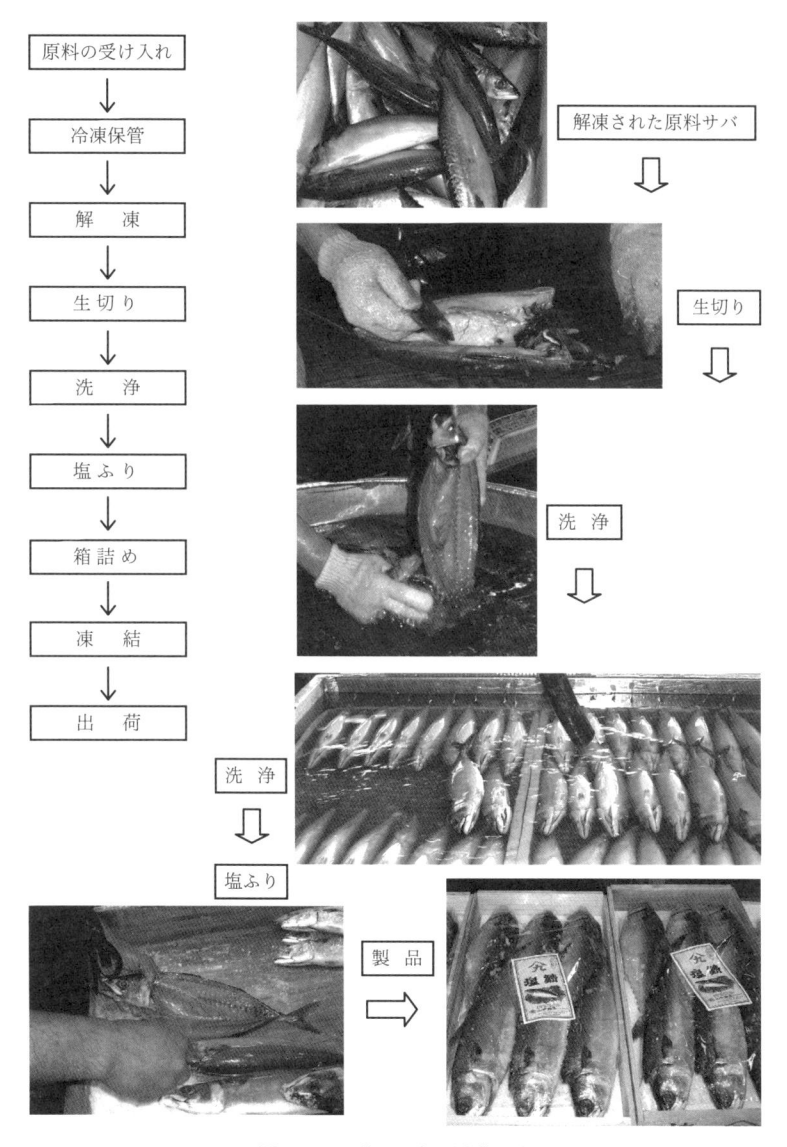

図 2.20 塩さばの製造工程

6) 箱詰め・凍結・出荷

塩さば製品の容器には木箱が用いられ、6kg 入りや 8kg 入りなどがある。木箱の使用は、ドリップの排出や吸水による容器の破損を防止するためである。箱詰めされた製品は直ちに凍結され、冷凍で出荷される。

2.3.3 製造工程中の生菌数の推移

図 2.21 は、塩さば製造の各工程終了時における製品の一般生菌数の推移を示したものである。筋肉全体、表皮、開いた後は開き部分での結果を示した。いずれの部位においても生菌数の挙動は同様であった。すなわち、解凍直後の生菌数は低かったが、生切りにより上昇した。その後、洗浄により低下し、箱詰め時での上昇は見られなかった。

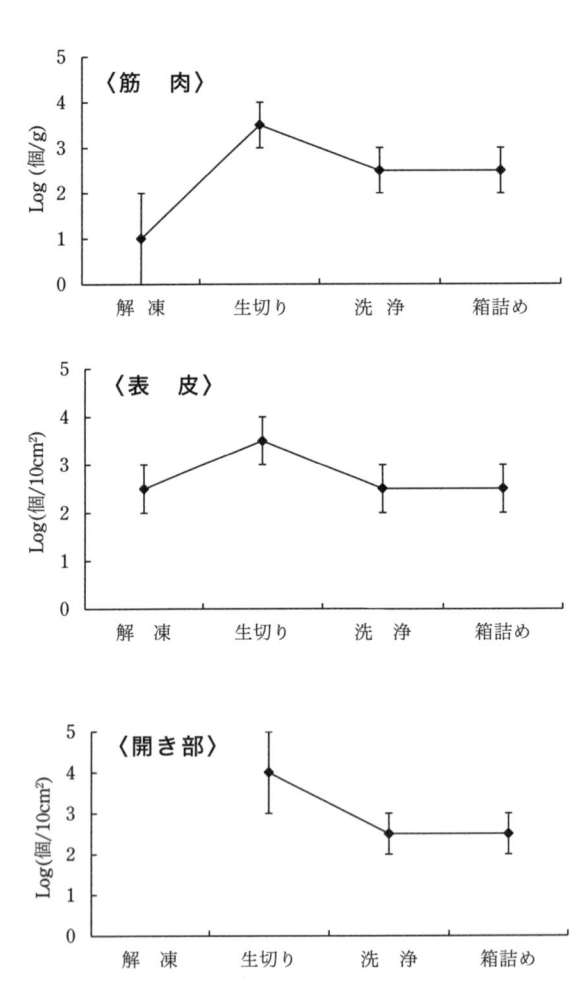

図 2.21 各工程の終了時における一般生菌数の推移

2.3.4 衛生管理向上のポイント

表 2.7 に、塩さば製造における各工程の作業時間、施設内の衛生状況および衛生管理向上のポイントをまとめた。

1) 解凍

解凍時間は 1.5〜3 時間であった。解凍水の温度は－1.1〜4.2℃、魚体中心温度は－3.5〜7.1℃と同一工場であってもばらついており、魚体サイズや解凍タンク内の位置によって大きな違いが見られた。したがって、できるだけ魚体温度を均一にするために、解凍タンク内を攪拌するなどして、解凍水の温度を均一にすることが必要である。解凍水の生菌数は 10^4 個/mL と比較的汚れていたので、解凍水の定期的な交換が必要と考えられた。魚体中のヒスタミンは 5ppm 以下と良好であった。

2) 生切り

生切りから洗浄、塩ふりまでは 10〜40 分と比較的短時間で行われていたことから、細菌増殖の可能性は低いと考えられたが、生切りの際の作業台の生菌数は 10^5 個/10cm^2 と多かったので、作業台からの細菌付着が懸念された。したがって、作業台、包丁、手（手袋）

表 2.7 塩さば製造の各工程における作業時間、施設内の衛生状況および衛生管理向上のポイント

工程	作業時間	施設内の衛生状況	衛生管理向上のポイント
解凍	1.5〜3 時間	・解凍水の生菌数：10^4 個/mL ・解凍水温度：－1.1〜4.2℃ ・魚体中心温度：－3.5〜7.1℃ ・魚体中ヒスタミン：5ppm 以下	★魚体温度を均一にするために、解凍タンク内を攪拌するなどして、解凍水の温度を均一にする必要がある。小型魚の魚体温度は上昇しやすいので特に注意が必要。
生切り	10〜40 分	・作業台の生菌数：10^5 個/10cm^2	★作業台、包丁、手（手袋）などの洗浄マニュアルを作成する必要がある。
洗浄		・洗浄水の生菌数：10^4〜10^5 個/mL ・洗浄水の温度：14.9〜18.1℃	★洗浄水の交換頻度を増やすことが重要。 ★気温の高い時期には洗浄水の温度が上昇しないように注意が必要。
塩ふり			
箱詰め 凍結 出荷	30〜90 分	・製品の中心温度：－2.9〜14.7℃ ・製品のヒスタミン：5ppm 以下 ・箱の敷き紙の生菌数：0〜3 個/10cm^2 ・資材置き場の落下菌： 　　0〜3 個/10cm^2・5 分間 ・箱詰め場の落下菌： 　　0〜2 個/10cm^2・5 分間	★魚体の温度管理が重要。特に魚体が小さい場合には注意が必要。 ★箱詰めから凍結までの時間をなるべく短くすることで魚体の温度上昇とヒスタミンの生成を抑制できる。

などを清潔に保つため、洗浄作業手順書などを作成することが望ましい。

3) 洗浄・塩ふり

洗浄水の温度は14.9〜18.1℃、生菌数は10^4〜10^5個/mLであった。洗浄水には細菌が見られたが、洗浄により魚肉中の生菌数は減少していたので、洗浄工程は生菌数を低下させるのに対して効果があると考えられた。したがって、洗浄水の交換頻度を増やすことと、気温の高い時期に洗浄水の温度が上昇しないようにすることが重要である。

4) 箱詰め・凍結・出荷

箱詰め後の凍結直前における製品の中心温度は−2.9〜14.7℃であり、魚体が小さいものほど、また凍結までの時間が長いものほど高かった。したがって、箱詰め後に凍結するまでの時間の管理は重要と考えられた。製品のヒスタミンは5ppm以下と、良好であった。箱の敷き紙の生菌数は0〜3個/$10cm^2$、資材置き場の落下菌は0〜3個/$10cm^2$・5分間、箱詰め場の落下菌は0〜2個/$10cm^2$・5分間であり、箱詰め施設と資材は比較的良好であった。

2.4 煮干し品

2.4.1 製品の特徴

煮干し品は、水揚げ直後の魚介類を水洗して煮熟後に乾燥させた製品である。煮干し品の国内生産量[1]は1991（平成3）年には10万トンを超えたが、その後徐々に減少してきており、2011（平成23）年には約5万7,000トンとなっている（**図2.22**）。煮干し品の主要な原料魚はシラス、イワシ、イカナゴ、コウナゴ、ホタテ貝柱などである（**図2.23**）。最も生産量の多い「しらす干し」は、乾燥度の高い「ちりめん」と、煮熟後に放冷しただけの乾燥度の低い「釜揚げしらす」が多く製造されている。「ちりめん」は酢の物あえ、サラダなど多くの惣菜に利用されている。一方、「釜揚げしらす」はそのまま食べたり、大根おろしと一緒に食べたりするほか、てんぷらやサラダなどに広く利用されている。「煮干しいわし」は、だし用としての利用のほか、そのまま食べることもできる。どちらも一般消費者、

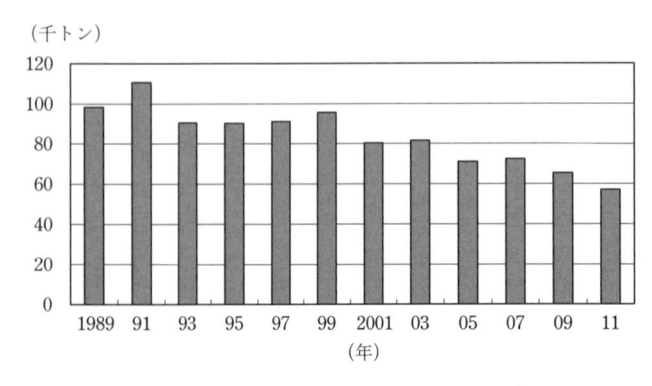

図2.22 煮干し品の生産量

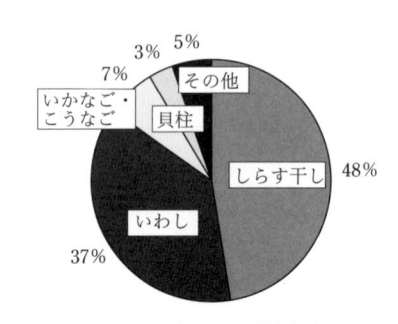

図2.23 煮干し品の種類（2011年）

2.4.2 ちりめん、釜揚げしらすの製造工程

ちりめん、および釜揚げしらすの製造工程を図2.24に示した。

1) 原料の受け入れ

原料は、主に地元の市場で購入されている。漁獲後から水揚げまでの間は、氷を使用して鮮度保持を行っている。

2) 水洗

加工場に搬入された原料は、付着している砂やゴミなどを除去するため、流水中で洗浄される。

3) 煮熟

90℃以上の食塩水で1～3分間煮熟される。煮熟水の塩分は近年では2～6%が多くなっている。

4) 乾燥（ちりめん）

ちりめんの場合は煮熟後に乾燥が行われている。天日乾燥のみ、あるいは天日と機械の併用による乾燥が行われ、乾燥時間は1～4時間である。なお、煮熟から乾燥までを自動で行う自動釜が広く普及している。

5) 放冷・冷却（釜揚げしらす）

釜揚げしらすを製造する場合には乾燥はほとんど行われず、送風により10～30分間冷却するだけである。

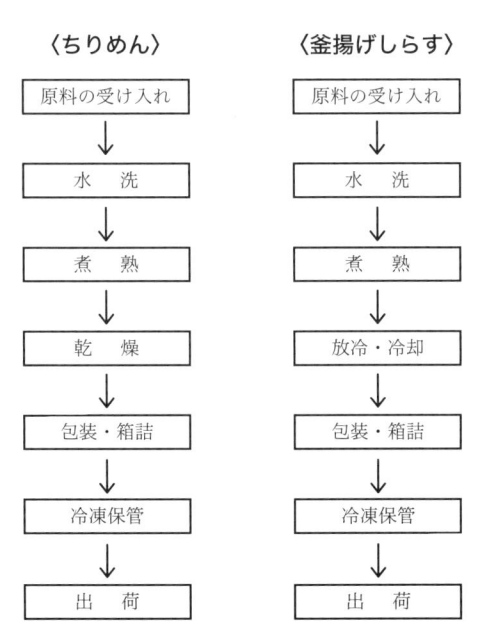

図2.24 ちりめんおよび釜揚げしらすの製造工程

6) 包装・箱詰

計量後、フィルムまたは発泡スチロール容器などに包装する。

7) 保管

釜揚げしらすの場合は箱詰後は直ちに凍結され、冷凍で流通されている。ちりめんの場合は乾燥度や保管期間により異なるが、概ね−5℃以下で保管されている。

2.4.3 製造工程中の生菌数の推移

静岡県内のちりめん、および釜揚げしらす製造工程での調査結果を例に挙げて説明する。

図 2.25 は、ちりめんおよび釜揚げしらす製造の各工程終了時における製品の一般生菌数の推移を示したものである。ちりめん、釜揚げしらすともに一般生菌数の挙動は同様の傾向であった。すなわち、原料を受け入れた時点におけるシラスの一般生菌数は 10^2〜10^4 個/g とやや多かったが、煮熟により生菌数は大きく減少しており、十分に殺菌されていた。その後、乾燥や放冷工程で生菌数は徐々に増加しはじめ、最終製品では 10^3〜10^4 個/g であった。

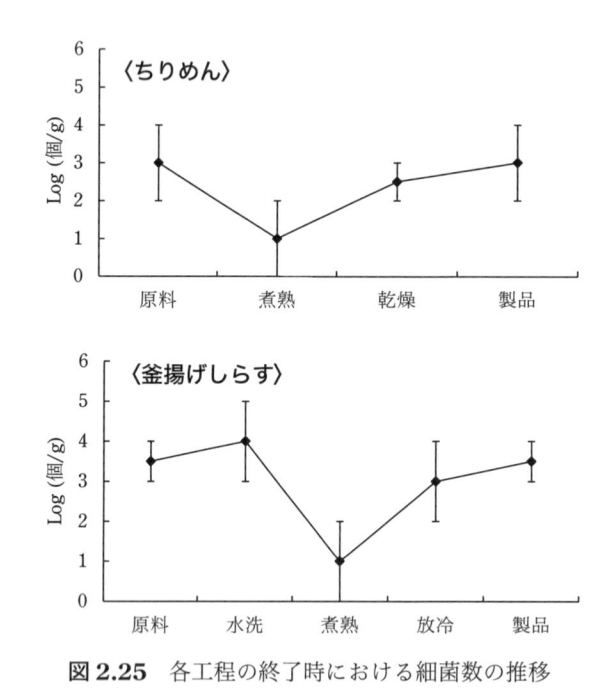

図 2.25 各工程の終了時における細菌数の推移

2.4.4 衛生管理向上のポイント

表 2.8 にちりめん製造、**表 2.9** に釜揚げしらす製造における各工程の施設内の衛生状況、衛生管理向上のポイントをまとめた。

1) 原料受け入れ

原料シラスの品温はちりめん工場で 12.4〜22.1℃、釜揚げしらす工場で 2.8〜24.3℃と、ど

表2.8 ちりめん製造の各工程における施設内の衛生状況と衛生管理向上のポイント

工程	施設内の衛生状況	衛生管理向上のポイント
原料受け入れ	・品温 12.4～22.1℃	★氷の使用方法（氷の当たり具合）によって、品温のバラツキが大きくなるので注意が必要 ★極力、迅速に処理することが重要（特に夏場）
煮熟	・煮熟条件 　煮熟温度：92～100℃ 　煮熟時間：1分46秒～2分30秒	★煮熟温度と煮熟時間の管理基準を設定
乾燥	・機械、天日併用の場合 　機械乾燥温度：76～97℃ 　機械乾燥時間：10分 　天日乾燥温度：24℃ 　天日乾燥時間：1時間15分 ・天日のみの場合 　天日乾燥温度：22～27℃ 　天日乾燥時間：2～3時間 ・コンベアーネットの付着菌：9～10^3個/10cm^2 ・落下菌 　乾燥機：140個/10cm^2・5分間 　干し場：0～2個/10cm^2・5分間	（機械乾燥の場合） ★細菌の二次汚染防止のため、コンベアーネット、ファン、庫内などの洗浄の徹底 ★ファンの空気取り入れ口の衛生管理 （天日乾燥の場合） ★セイロの洗浄と干し場環境の衛生管理 ★昆虫、鳥類の糞などの汚染や異物対策
包装	・包装室の状態 　作業者の手指：10～10^3個/10cm^2 　落下：0～1個/10cm^2・5分間	★包装作業者の手洗い、手袋交換などの徹底 →作業マニュアルを作成

表2.9 釜揚げしらすの各工程における施設内の衛生状況と衛生管理向上のポイント

工程	施設内の衛生状況	衛生管理向上のポイント
原料受け入れ	・品温 2.8～24.3℃	★氷の使用方法（氷の当たり具合）によって、品温のバラツキが大きくなるので注意が必要 ★極力、迅速に処理することが重要（特に夏場）
水洗	・水温 18.7～19.3℃	★使用水の定期的なチェック
煮熟	・煮熟温度 95.4～100℃ ・煮熟時間 30秒～1分40秒	★煮熟温度と煮熟時間の管理基準を設定
放冷	・扇風機または送風機 　温度 28.8～31.3℃ 　時間 1分13秒～1分40秒 　ネットの付着菌 10^2～10^4個/10cm^2 　落下菌 5～15個/10cm^2・5分間	★なるべく低温度で短時間に処理し、細菌増殖を抑制 ★コンベアーネット、セイロネット、冷却ファンからの細菌の二次汚染防止を徹底 →洗浄マニュアルを作成
冷却	・冷蔵庫 　温度 0.4℃ 　時間 3時間 　製品の温度 1.4～3.9℃	
包装	・包装室の状態 　落下菌：0～2個/10cm^2・5分間 　作業者の手：10^3個/10cm^2	★包装作業者の手洗い、手袋交換などの徹底 →作業マニュアルを作成

ちらの工場でも品温のバラツキが非常に大きかった。原料シラスの品温は気象条件やトロ箱内での氷の当たり具合によって大きく変動するので、できるだけ迅速に処理することが重要と考えられた。特に夏場は品温の上昇が急激に起こる可能性があるので、受け入れ時の品温チェックは重要である。

2) 水洗

使用水の定期的なチェックが必要である。

3) 煮熟

煮熟水の温度はちりめん92～100℃、釜揚げしらす95.4～100℃と、ともに90℃以上であった。また、煮熟時間はちりめん1分46秒～2分30秒、釜揚げしらす30秒～1分40秒となっており、ちりめんの方がやや長かった。今回の調査結果では、この煮熟条件で製造した製品は十分に殺菌されていたが、煮熟温度と時間だけでなく、原料投入量も含めて煮熟の管理基準を作成することが望ましい。また、連続的に煮熟を行う自動釜を使用する場合には、流速の管理も必要である。

4) 乾燥（ちりめん）

ちりめん製造の場合には気候条件を考慮しながら、機械と天日の両方を活用しての乾燥が行われている。機械・天日併用乾燥の場合は、機械で76～97℃、10分間乾燥してから天日で1時間15分の乾燥であった。また、天日乾燥のみの場合は、2～3時間の乾燥時間であった。落下菌調査の結果では天日乾燥の干し場（0～2個/10cm^2・5分間）よりも乾燥機（140個/10cm^2・5分間）で多かった。さらに乾燥機では、コンベアーネットのふき取り検査の結果でも9～10^{3}個/10cm^{2}と、多くの生菌数が見られた。したがって、機械乾燥を行う場合には、細菌の二次汚染防止のためにコンベアーネットやファンなどの洗浄を徹底することが重要である。一方、天日乾燥の場合には、干し場周辺の衛生管理に対する注意が必要である。

5) 放冷・冷却（釜揚げしらす）

釜揚げしらす製造の場合にはちりめんのように乾燥は行わず、扇風機や放冷機により放冷してから冷蔵庫内で冷却されている。扇風機や放冷機による風の温度は28.8～31.3℃であり、時間は1分13秒～1分40秒であった。ふき取り検査によるコンベアーネットの一般生菌数は10^2～10^{4}個/10cm^{2}と多く、落下菌も5～15個/10cm^2・5分間とやや多かった。したがって、放冷はなるべく低温度で短時間にすることにより細菌増殖を抑制させること、洗浄マニュアルなどを作成してコンベアーネットや冷却ファンなどの洗浄を徹底させることが重要である。冷却は冷蔵庫内で行われ、製品の温度は1.4～3.9℃と低温で管理されており良好であった。

6) 包装

落下菌は0～2個/10cm^2・5分間とほとんど細菌が検出されず良好であったが、作業者

の手からは 10^3 個/$10cm^2$ と細菌が多く検出された。包装室は他の作業スペースと仕切るとともに床は完全乾燥させ、清潔に保つことが重要である。また、作業者の手指の洗浄はマニュアルなどを作成して徹底する必要がある。

2.4.5 しらす干しの原料原産地の判別

しらす干しは、日本国内では福島県より南の太平洋沿岸の広い地域で生産されており、主な産地は、兵庫県、静岡県、和歌山県、愛知県、茨城県などである。しかし、同じ国内産であってもブランド価値によって産地間で価格差が生じており、各産地ではブランドの保護・強化のために他産地との差別化に努めている。一方、外国産のしらす干しとしてインドネシア、中国、タイ、韓国などから年間約 1,000 トンが輸入され、外国産しらす干しを国内産と偽る偽装事件が発生しており、科学的根拠に基づいた原料原産地の判別技術が求められている[8]。

原料原産地を判別する技術としては、先に 2.2.6 項で述べたように、DNA 分析のほか微量無機元素分析、安定同位体比分析などがある。

著者らは、国内産しらす干しと外国産しらす干しを判別するために、国内産、インドネシア産、タイ産、台湾産、中国産、韓国産のしらす干しについて DNA 分析を行った。その結果、図 2.26 に示したようにインドネシア産、タイ産、台湾産しらす干しは、国内産と遺伝的に異なることから、DNA 分析によって判別が可能であった。しかし、国内産と中国産および韓国産は、原料魚がいずれもカタクチイワシであることから、DNA 分析では判

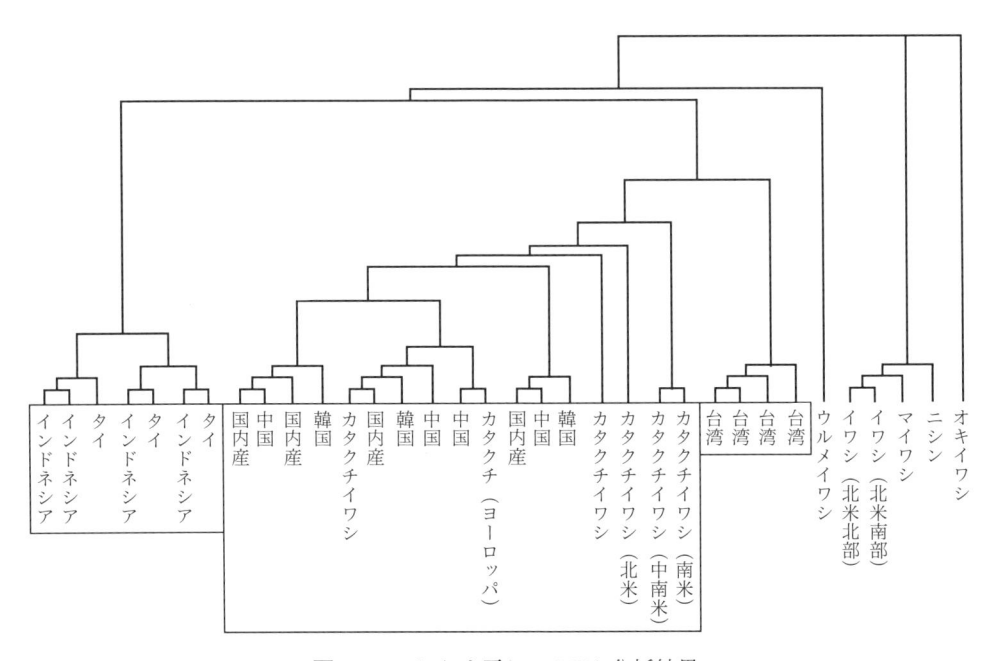

図 2.26 しらす干しの DNA 分析結果

別できなかった。

そこで、しらす干しについても生息環境や餌の影響を反映するとされる安定同位体比分析による原料原産地判別の可能性について検討を行った。

著者らは、国内のしらす干し産地のうち、主要10産地（福島県、茨城県、愛知県、静岡県、兵庫県、徳島県、広島県、愛媛県、宮崎県、鹿児島県）のしらす干し、および中国産、韓国産しらす干しについて炭素および窒素安定同位体比を測定した。

図2.27に示したように、国内産と中国産の炭素および窒素安定同位体比の分布には差が見られたが、国内産と韓国産には差が見られなかった。このことから、安定同位体比分析によって国内産と中国産の判別は可能だが、国内産と韓国産は判別できないことがわかった。

前述のように、国内産と外国産しらす干しとの判別だけでなく、国内における他産地との差別化も望まれていることから、国内10産地の炭素および窒素安定同位体比を図2.28に示した。

同図からわかるように、国内10産地を九州地方、太平洋沿岸、瀬戸内海および宇和海の

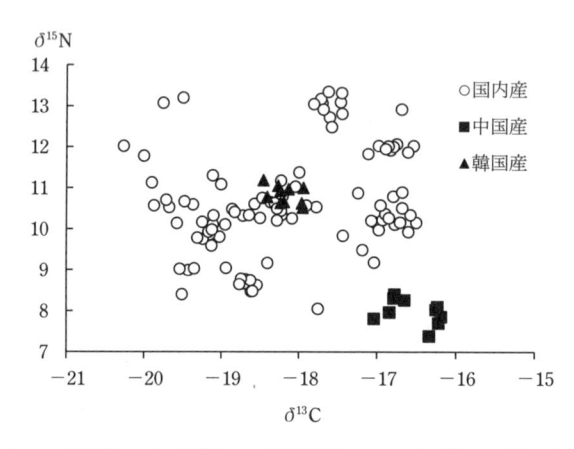

図2.27 国内産、中国産および韓国産のしらす干しの安定同位体比

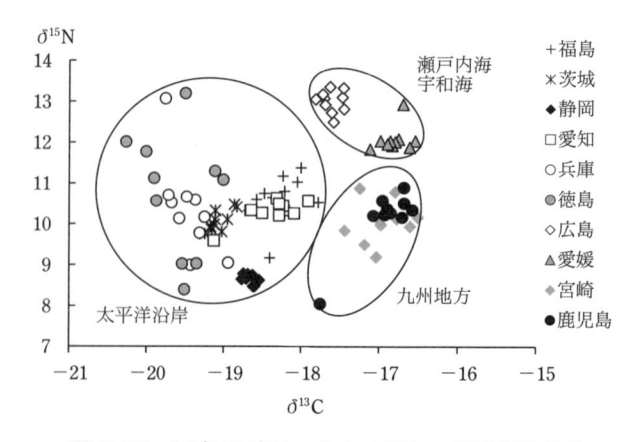

図2.28 国内10産地のしらす干しの安定同位体比

3 つのグループに分けることができた。

2.2.6 項で述べたように、沿岸域や内湾に生息する生物の炭素および窒素安定同位体比は、沖合に生息する生物よりも高い傾向があるという報告がある[6,7]が、今回分析した 10 産地の中でも、瀬戸内海および宇和海の安定同位体比は他の産地よりも高くなっており、3 つのグループの差は、生息環境の差を反映した結果だと思われる。

以上のように、しらす干しについては、DNA 分析や安定同位体比分析を用いることにより、韓国産以外の外国産しらす干しと国内産の判別が可能であること、国内 10 産地を 3 つのグループに分けられることが明らかになった。

今回、DNA 分析および安定同位体比分析で国内産との判別ができなかった韓国産しらす干しについては、安定同位体比分析のみで判別を行うのではなく、微量無機元素分析など他の手法との組み合わせによる判別技術の確立に向けて、さらに研究を進めていく必要があると考える。

2.5 なまり節

2.5.1 なまり節の特徴

なまり節はカツオやマグロの節を煮熟したもの、または煮熟後に軽く焙乾したものであり、製造工程から見ると煮干し品と考えられるが、かつお節などと一緒に節類に分類されることが多い。古くから煮物などの和風料理素材として、料理屋などで利用されてきた。最近は節あるいはスライス品として真空パックやトレー包装され、一般消費者向けの製品が多くなった。

2.5.2 なまり節の製造工程

なまり節（真空包装品）の製造工程を**図 2.29** に示した。

1) 原料の受け入れ・冷凍保管

原料となるカツオやマグロは生または冷凍の、ほどほど脂がのったものが用いられ、冷凍のものは製造するまで冷凍保管される。近年では漁船の冷凍技術が発達しており、主にブライン凍結品が使用されている。

2) 解凍

解凍タンク内で解凍する。原料魚の大きさによって、生切り当日の早朝あるいは前日の夕方から解凍する。

3) 生切り

半解凍で包丁が入る状態のものを、包丁で 3 枚または 5 枚に卸す。

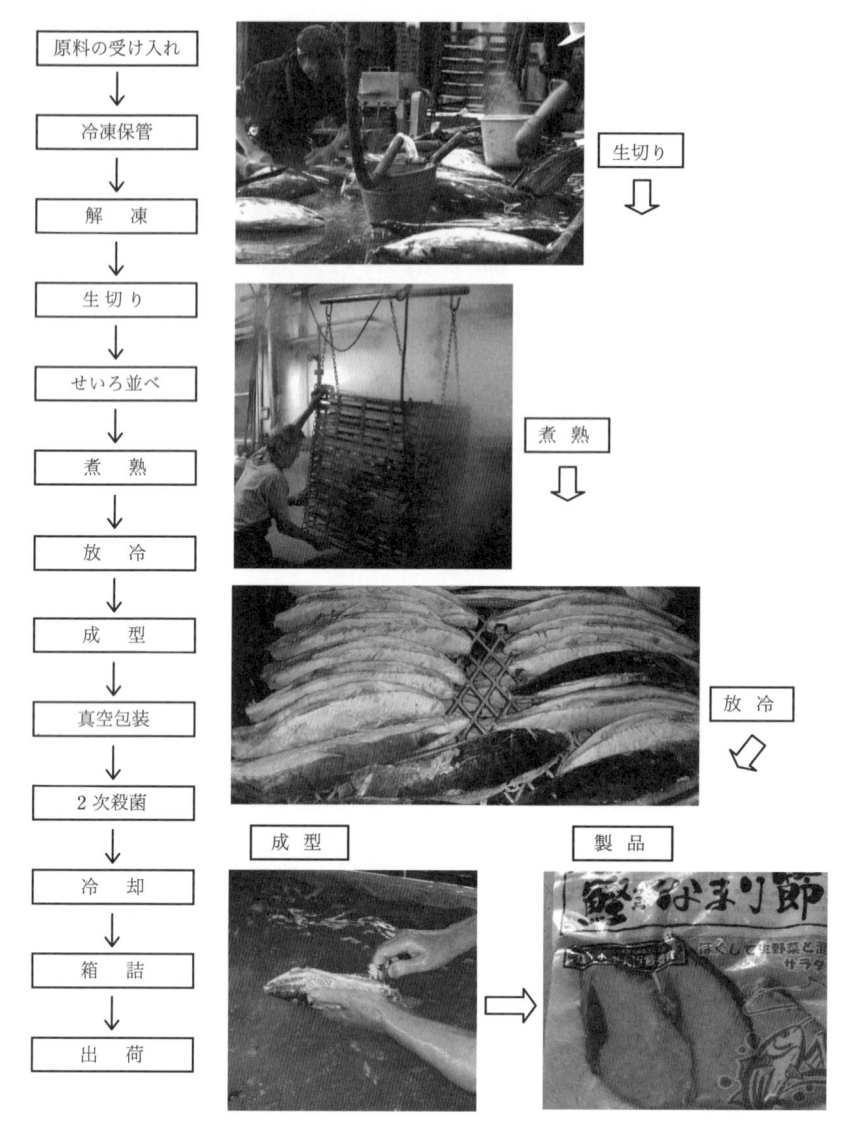

図 2.29 なまり節（真空パック品）の製造工程

4) せいろ並べ・煮熟

生切りした節を均一に茹でられるようにせいろに並べてから、小さな節で 20～30 分、大きな節で 45～60 分茹でる。煮熟の代わりに蒸煮により加熱する場合もある。

5) 放冷・成型・真空包装

扇風機により放冷してから、タンク内の水中で骨を取り除いて成型する。成型された節は真空包装されるが、近年ではスライス品が普及しており、その場合にはスライスしてから真空包装する。また、夏季に保存性を向上させる場合や、煙の香り付けをする場合には成型の前に軽く焙乾する場合もある。

6) 2次殺菌

熱水中でボイルにより2次殺菌を行う。

7) 冷却・箱詰・出荷

流水中や冷蔵庫内で素早く冷却してから冷蔵で出荷される。

2.5.3 製造工程中の生菌数の推移

図 2.30 は、かつおなまり節真空パック製造の各工程終了時における製品の一般生菌数の推移を示したものである。製品の筋肉部と表皮の一般生菌数は同様の挙動を示し、生切りでやや上昇し、煮熟で低下した。その後、真空包装時にやや上昇したが、2次殺菌を経た製品の生菌数は低かった。

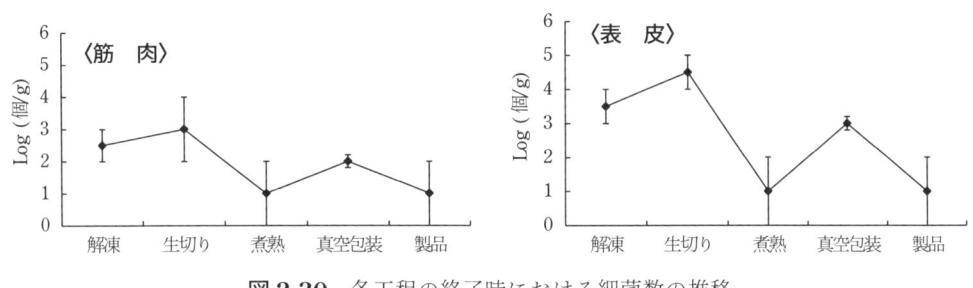

図 2.30 各工程の終了時における細菌数の推移

2.5.4 衛生管理向上のポイント

表 2.10 に、かつおなまり節製造における各工程の作業時間、施設内の衛生状況、衛生管理向上のポイントをまとめた。

1) 解凍

解凍時間は魚体サイズにより3～16時間と、かなり異なっていた。すなわち、小型の魚は早朝から解凍を行い、大型の魚は前日の夕方から解凍を行っていた。解凍水の生菌数は 10^3～10^4 個/mL とやや多かった。また、解凍水の温度は−3.1～7.5℃、解凍後の魚体中心温度は10～17℃であり、同一タンク内でも場所により違いが大きかった。よって、魚体温度を均一にするために、解凍タンク内を撹拌するなどして、解凍水の温度を均一にすることが必要である。魚肉中のヒスタミン濃度は5ppm以下であり良好だった。

2) 生切り・せいろ並べ

生切りをしてからせいろに並べ、煮熟するまでの時間は40～100分であった。生切りは作業台を水洗しながら行っているにも関わらず、作業台の生菌数は 10^5 個/10cm^2 と多かった。生切り後に生菌数が上昇する理由は、作業台などからの細菌付着と、せいろに長時間間置かれることによる細菌増殖と考えられ、特に前者の要因が大きいと考えられる。したがって、作業台、包丁、作業者の手（手袋）の洗浄マニュアルを作成して、洗浄の徹底を図ることが

表 2.10 かつおなまり節製造の各工程における作業時間、施設内の衛生状況およひ衛生管理向上のポイント

工程	作業時間	施設内の衛生状況	衛生管理向上のポイント
解 凍	3～16時間	・解凍水の生菌数：10^3～10^4 個/mL ・解凍水温度：-3.1～7.5℃ ・魚体中心温度：10～17℃ ・魚体中ヒスタミン：5ppm 以下	★魚体温度を均一にするために、解凍タンク内を攪拌するなどして、解凍水の温度を均一にする必要がある。
生切り せいろ並べ	40～100分	・作業台の生菌数：10^5 個/10cm²	★作業台、包丁、手（手袋）などの洗浄マニュアルを作成する必要がある。
煮 熟	25～60分	・魚体中心温度（上昇の推移は図2.31） 　煮熟開始時：-1.3～18.7℃ 　煮熟終了時：81～98℃ ・煮熟水の温度：90～99℃	★煮熟開始時の魚体温度、魚体の大きさなどを考慮して煮熟時間を設定することが重要である。
放 冷 成 型	3～4時間	・扇風機前の風の生菌数： 　2～32個/10cm²・2分間	★放冷場所はできるだけ清潔に保つ。 ★扇風機の洗浄を徹底する。
真空包装		・包装資材の生菌数：0個/10cm² ・資材置き場の落下菌： 　0～2個/10cm²・5分間	★包装作業者（機器）の衛生管理に注意する。
2次殺菌 冷 却	30～60分間 30～60分間		
箱 詰 出 荷		・製品のヒスタミン：5ppm 以下	★製品の細菌増殖を抑えるため、流通、貯蔵は冷蔵にする。

重要である。

3) 煮熟

魚体サイズと煮熟中の中心温度の推移を**図2.31**に示した。煮熟時間は 2.5kg の魚体から得られた節で 25 分、4.5kg のもので 40 分、6kg のもので 60 分であった。2.5kg サイズのものは煮熟開始時点で節の中心温度が 10℃ 以上であったが、6kg サイズのものは煮熟を開始した時点では節の中心部はまだ 0℃ と半解凍の状態であったため、昇温にかなりの時間を要した。煮熟水の温度は 90℃ 以上、煮熟終了時点での節の中心温度も 80℃ 以上であり、

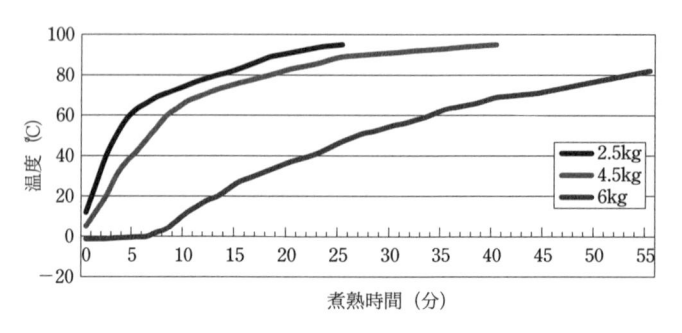

図 2.31 煮熟中における節中心温度の推移

4) 放冷・成型

煮熟終了後に放冷し、水タンク中で骨などを除去してから真空包装に至るまでに要する時間は3～4時間であった。放冷時に使用する扇風機前の風の生菌数は2～32個/10cm^2・2分間であり、比較的多かった。煮熟後に製品の生菌数が上昇する理由は扇風機からの汚れた風による細菌の付着によるものと考えられるので、扇風機の洗浄を徹底することと、放冷場を清潔に保つことが重要である。

5) 真空包装

包装資材の生菌数は0個/10cm^2、資材置き場の落下菌は0～2個/10cm^2・5分間と良好であった。このような良好な包装環境に加えて作業者の衛生面にも配慮することで、真空包装時に細菌の付着は起こりにくくなるものと考えられる。

6) 2次殺菌・冷却

2次殺菌はボイルにより30～60分間、その後の冷却は30～60分間であった。2次殺菌後の製品の生菌数は極めて低く（図2.30参照）、殺菌がしっかりできているものと考えられた。

7) 箱詰・出荷

製品のヒスタミン濃度は5ppm以下であり、良好であった。真空包装製品であり、細菌付着は起こりにくいが、わずかに残存している細菌の増殖を抑えるため、流通・貯蔵は冷蔵または冷凍にする必要がある。

2.6 練り製品

2.6.1 練り製品の特徴

練り製品は、すり身や落とし身などの魚肉に食塩を加えてすり潰してから、成型して加熱したものである。昭和30年代に入り、スケトウダラの冷凍すり身が開発され、練り製品の製造も安定的に大量生産ができるようになってきたが、冷凍すり身が普及した後も、地元に水揚げされる魚を原料にした、地域色豊かな多数の製品が製造されている。練り製品は加熱方法、成型方法、原材料などの組み合わせにより、かまぼこ類や魚肉ハム・ソーセージなど実に多くの種類がある。その多くは一般消費者向けの製品である。

2.6.2 練り製品の製造工程

練り製品の一般的な製造工程を**図2.32**に示した。

1) 原料の受け入れ・冷凍保管

原料はスケトウダラ、グチ、イトヨリダイなどの冷凍すり身のほか、ホッケ、サバ、イワシ、アジなど地先で水揚げされる色々な魚が使用されている。

2) 解凍・採肉・らいかい

原料となる冷凍すり身は解凍棚などで自然解凍される。頭と内臓が除去された魚から落とし身を得る場合には、半解凍の原料魚をチョッパーや身とり機に投入して採肉する。すり身や落とし身は、石臼式らいかい機、サイレントカッター、高速カッターなどで塩と一緒にすりつぶされる。

3) 成型

板付け、型抜き、串巻き、すだれ巻きなどのほか、成型機で一定の大きさに成型する。

4) 加熱

一定の形状に成型された原料は蒸し、焼き、茹で、揚げなどにより加熱される。簡易包装かまぼこは中心温度が75℃以上に、常温流通を目的とした魚肉ハム・ソーセージやケーシング詰めかまぼこではレトルト殺菌機により加熱されている。

5) 冷却・包装・出荷

流水中や冷蔵庫内で素早く冷却した後、簡易包装され、冷蔵で出荷される。リテーナかまぼこでは成型後の加熱（蒸し）前に包装される。また、なると巻きなど真空包装されるものはさらに2次殺菌が行われている。

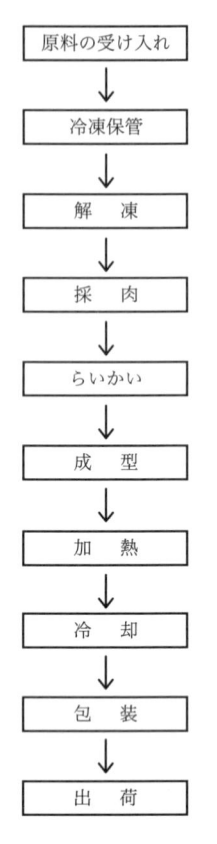

図2.32 練り製品の一般的な製造工程

2.6.3 製造工程中の生菌数の推移

図2.33は練り製品、なると巻きおよびリテーナかまぼこ製造の各工程終了時における製品の一般生菌数の推移を示したものである。いずれの製品も、原料を解凍した時点で生菌数は $10^2 \sim 10^4$ 個/g と比較的多くなっていた。特に、黒はんぺんではサバやイワシなどの落とし身を使用するため、他の製品より生菌数が高くなる傾向が見られた。いずれの製品も、その後、らいかい、塩ずり、成型と工程が進むにつれて生菌数は上昇していた。また、リテーナかまぼこでは、すわりの工程で生菌数が大きく上昇していた。練り製品では加熱工程が必須であり、加熱の方法はボイル、蒸し、揚げなど色々である。いずれの製品も、上昇していた生菌数は加熱工程で大きく減少しており、冷却後の製品には生菌数の上昇が見られなかった。

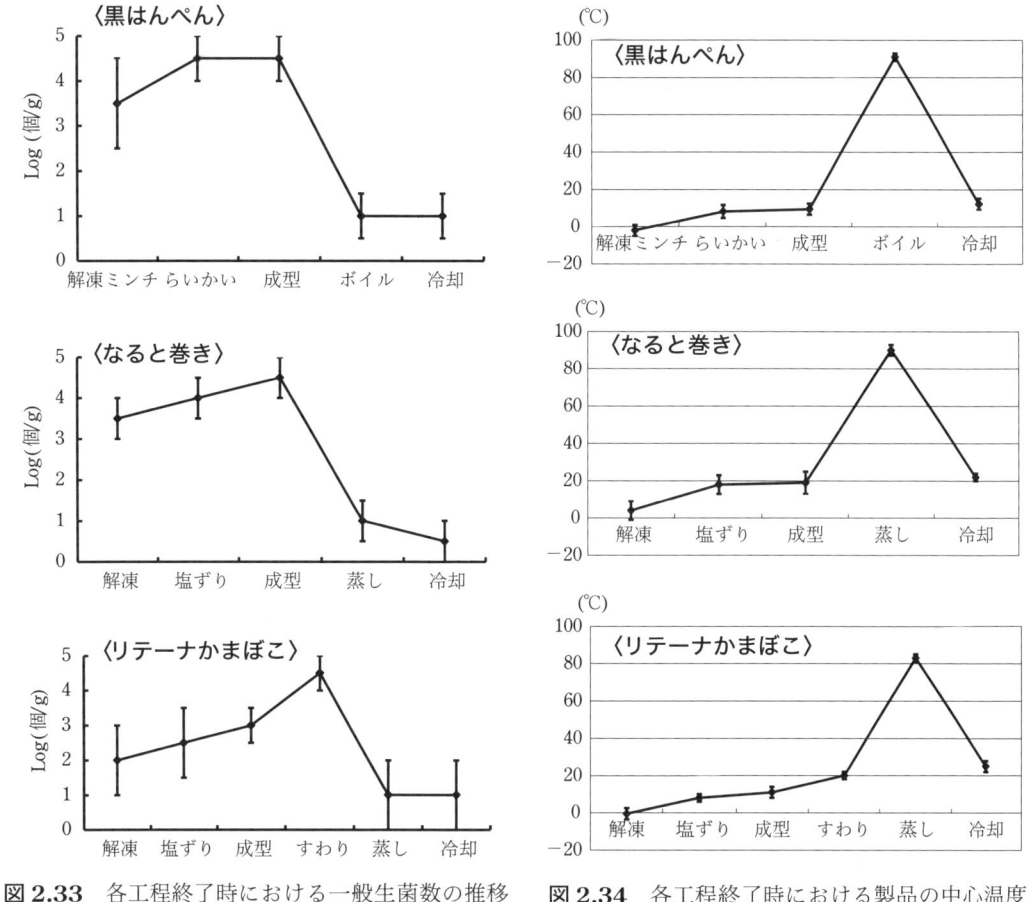

図2.33　各工程終了時における一般生菌数の推移　　図2.34　各工程終了時における製品の中心温度

2.6.4　製造工程中における製品の中心温度の推移

図2.34に、各工程の終了時における製品の中心温度の推移を示した。解凍直後の温度は0〜5℃と低かったが、工程が進むにつれて温度は上昇し、加熱直前の温度は黒はんぺんは10℃、なると巻きとリテーナかまぼこでは20℃付近に達していた。加熱工程ではボイル、蒸し、いずれの加熱方法でも製品の温度は80℃以上となっており、しっかりと殺菌がされていた。

2.6.5　衛生管理向上のポイント

表2.11に黒はんぺん、表2.12になると巻き、表2.13にリテーナかまぼこ製造における施設内の衛生状況、衛生管理向上のポイントをまとめた。

1)　解凍

なると巻き工場では、解凍棚前で若干の落下菌が見られた。したがって、解凍棚など、すり身や原料魚を解凍する周辺は清潔に保つことが重要である。また、解凍の条件（基準）を設定して、品温の上昇を抑えて生菌数が上昇しないように注意する必要がある。

表 2.11 黒はんぺん製造工場における施設内の衛生状況と衛生管理向上のポイント

工程	施設内の衛生状況	衛生管理向上のポイント
解凍		★解凍後のすり身やサバの生菌数の上昇および品温のバラツキを抑えるために、すり身温度の上限を考慮して、解凍条件の基準を設定することが重要。
採肉 らいかい	・採肉機の生菌数：4個/10cm^2 ・らいかい機：10^{3}個/10cm^2 ・らいかい機スイッチ：4個/10cm^2 ・らいかい機前の落下菌：4個/10cm^2・5分間	★採肉機、らいかい機の洗浄を徹底する。
成型	・成型機の生菌数：10個/10cm^2	
ボイル	・ボイル条件 　ボイル釜の製品数 300枚 　浮かぶまでに要した時間 50秒 　浮いてからのボイル時間 3分	★ボイル条件の管理
冷却	・冷却機：0個/10cm^2 ・運搬用のカゴ：0個/10cm^2	★冷却機の洗浄を徹底する。 ★作業者の手、手袋の洗浄を徹底する。
包装 出荷	・包装機前の落下菌：5個/10cm^2・5分間 ・製品用バット：10個/10cm^2	

表 2.12 なると巻き製造工場における施設内の衛生状況と衛生管理向上のポイント

工程	施設内の衛生状況	衛生管理向上のポイント
解凍	・解凍棚前の落下菌：7個/10cm^2・5分間	★解凍後のすり身の生菌数の上昇を抑えるために、すり身温度の上限を考慮して、解凍条件の基準を設定することが重要。
塩ずり	・カッター：10^{3}個/10cm^2 ・カッターの刃：10^{2}個/10cm^2 ・カッターのスイッチ：10^{2}個/10cm^2 ・カッター前の落下菌： 　12個/10cm^2・5分間	★カッターの洗浄を徹底する。
裏ごし 成型	・裏ごし機前の落下菌：10^{2}個/10cm^2・5分間	
すだれ巻き 蒸し	・すだれの生菌数：10^{3}個/10cm^2	★すだれの洗浄を徹底する。
冷却	・扇風機の生菌数：10個/10cm^2	
真空包装 2次殺菌	・包装室の落下菌： 　奥3、中央2、入り口5個/10cm^2・5分間 ・包装機：10^{2}個/10cm^2 ・蒸し器の条件：94℃、9分間	
冷却 出荷	冷却条件： 　シャワー（8℃、5分間） 　冷水（10℃、8分間） 　空冷（8分間）	

表 2.13 リテーナかまぼこ製造工場における施設内の衛生状況と衛生管理向上のポイント

工　程	施設内の衛生状況	衛生管理向上のポイント
解　凍		★解凍後のすり身の生菌数の上昇を抑えるために、すり身温度の上限を考慮して、解凍条件の基準を設定することが重要。
らいかい 塩ずり	・生菌数 　カッターの刃（使用前）：10^3 個/10cm^2 　カッターの刃（洗浄後）：10^2 個/10cm^2 ・カッター横の落下菌：5 個/10cm^2・5 分間	★カッターの洗浄を徹底する。
裏ごし 成　型 包　装	・生菌数 　らいかい機（使用前）：10^4 個/10cm^2 　らいかい機（洗浄後）：10^3 個/10cm^2 ・らいかい機横の落下菌：12 個/10cm^2・5 分間 ・成型機横の落下菌：3 個/10cm^2・5 分間 ・かまぼこの板の生菌数：0 個/10cm^2	
すわり	・すわりの条件：20℃、20 時間	
蒸　し	・蒸しの条件：90℃、45 分	
冷　却 出　荷		

2) らいかい

らいかい機やサイレントカッターの刃、スイッチに付着菌が見られた。また、これらの機械類の前では落下菌も見られた。これら機械の汚れはすり身の生菌数の上昇を招くので、らいかい機やサイレントカッターの洗浄を徹底することが重要である。

3) 成型

なると巻き製造では「すだれ」の生菌数が比較的高く、黒はんぺん製造の成型機でも若干の生菌数が見られた。したがって、成型機類の洗浄を徹底することが必要である。

4) 加熱

ボイル、蒸し、いずれも製品の投入量、加熱温度、加熱時間などの条件を設定して、しっかりと加熱することが大切である。

5) 真空包装・2 次殺菌

黒はんぺんは加熱後に簡易包装、リテーナかまぼこは成型後加熱前に包装する。一方、なると巻きやかに足かまぼこなどの真空包装製品では加熱後に真空包装し、さらに再加熱（2 次殺菌）する方法がとられている。このような製品では、製品の厚みなどを考慮して 2 次殺菌の条件を設定する必要がある。

6) 冷却・包装・出荷

いずれの製品の製造も加熱後は急速な冷却を行い、細菌の増殖を抑えることが大切である。

2.7 魚 醤 油

2.7.1 製品と製造工程

　魚醤油とは、魚介類を原料とし、食塩とともに熟成させることにより作られる調味料である。高濃度の塩を添加することにより腐敗を防止しながら保存し、主に原料に含まれる消化酵素や微生物などの作用によって魚介類のタンパク質が分解されることを製造の原理とする[9,10]。

　代表的な魚醤油にはベトナムの「ニョクマム」やタイの「ナンプラー」などがあり、日本ではハタハタなどを原料とした秋田の「しょっつる」、イワシやイカ肝臓などを原料とした石川の「いしる」、そしてイカナゴを原料とした香川の「いかなご醤油」が三大魚醤として知られている。かつては日本海沿岸や瀬戸内海など広い地域で作られていたが、大豆醤油の普及や、食生活の多様化に伴い、一時は生産量も大きく落ち込んだ。しかし、近年ではエスニックブームや安全・安心志向の高まりから魚醤油に対する消費者の関心も高く、業務用の調味料としても需要が高まっている。石川県内で製造されている「いしる」に関しては、昭和50年代の年間生産量は20 t 程度であったが[11]、2010（平成22）年に行った聞き取り調査によると、その生産量は年間250 t 程度と10倍以上に増加しており、このことからも、近年「いしる」の需要が増大していることがわかる。また、魚醤油を地域の特産品化する動きも高まっており、各地で様々な魚醤油の製造技術の研究開発がなされている。例えば、風味の改善や製造の効率化を図るために、麹や酵母の添加[12,13]や加温[14]などの製造方法が開発されている。また、地域で未・低利用である魚介類や、豊富に漁獲される魚介類を用いた魚醤油[15,16]の製造技術開発が各地で活発に行われており、実際に販売されている。

2.7.2 製造工程の詳細

　伝統的な魚醤油は、アジ、サバ、イワシ、ハタハタなどの魚やイカの肝臓などに高濃度の塩を添加し、長期間常温で熟成させて作られる。

　ここでは伝統的な製法で作られる魚醤油のうち、石川県で製造されている「いしる」について述べる（**図 2.35**）。

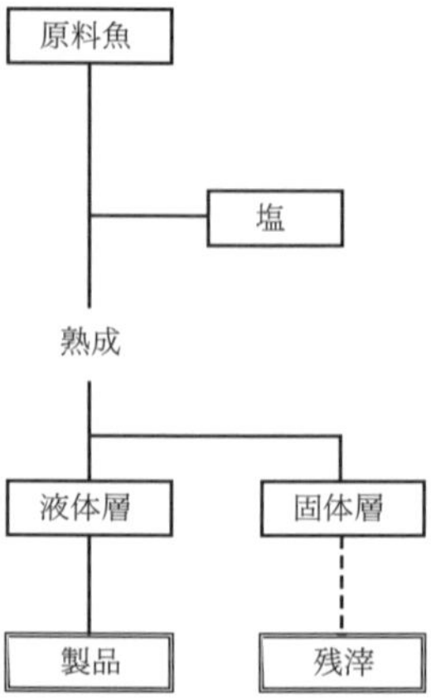

1）原料

　いしるの原料は大きく分けてイワシやアジ、サバなどの魚類を用いる場合と、スルメイカなどイカの肝臓を用いる場合の2つに分けられる。イワシやアジ、サバなどの魚類を用いる場合、大規模に製造する業者では冷凍されたものを大量に仕入れて用

図 2.35 いしるの製法

いることもあるが、ほとんどの業者ではその日に地元で水揚げされたものを購入して用いている。イカ肝臓を原料とする場合は、主にイカをスルメや一夜干しなどに加工した後に排出されるものが用いられている。いしる製造のほかにイカの加工を行っている業者では自社で排出したものを用いるが、いしる原料には大量のイカ肝臓が必要なため、他の加工業者から購入している場合もある。

2) 仕込み

仕込みは気温の低い春先や秋口に行われる。魚およびイカ肝臓を仕込み用のタンクに入れ、塩を添加する。仕込み用のタンクは、近年では繊維強化プラスチック（FRP）製やポリエチレン（PE）製のタンクが多く用いられるようになっており、容量は1～2t程度の大型のものである。わずかではあるが木樽も用いられている。食塩の添加割合は業者によっても異なるが、少なすぎると腐敗の原因になり、多すぎると分解が遅くなる。タンク内のいしるもろみは、塩の溶け残りがなくなるまで1週間程度撹拌する。後にも述べるが、タンク内の塩濃度が均一になっていないと、塩濃度が低い箇所から腐敗が起こり、製品の劣化につながるため、注意が必要である。

3) 熟成

仕込んだ後は常温で静置し、熟成させる。熟成期間中、自己消化酵素の働きによってタンクの中のもろみは徐々に分解され、液体層と固体層に分離してくる。タンクの上層部には、脂肪分や魚の骨、イカ肝臓の残渣が固まった層ができ、これが蓋の役目をする。これにより、タンク内部は嫌気的な状態になり、腐敗菌の増殖が抑制され、乳酸菌などによる発酵が盛んになる。熟成期間は1～3年と業者によって異なるが、仕込み後、いしるを採取するまでに夏を越すことが重要であると言われている。タンク内の液体は熟成初期には濁っているが、熟成が進むと徐々に透明度が増してくる。この液体が透明になれば、熟成が終わり製品として出荷できるおおむねの目安となる。タンク下部に溜まった液体層は、タンクの下部に取り付けられた栓より静かに採取し、煮熟して殺菌、オリ下げを行う。この上澄みをろ過したものがいしるとなる（図2.36、図2.37）。

図2.36 いしる製造風景（(有) カネイシ）

図2.37 熟成中のタンク（(有) カネイシ）
固体層と液体層に分離している。

2.7.3 製造工程ごとの生菌数の挙動

1) 塩による影響

魚醤油の製造において、仕込み時に添加する塩は微生物の挙動に影響を与える大きな要因となる。

いしる製造業者からの聞き取りによると、添加する塩は原料に対して20％前後である。この、塩の添加量は、ほとんどが業者の長年の経験によって決められている。市販いしるの塩濃度は大豆醤油と比べて高いため[17]、近年では消費者の健康志向の高まりから、いしるの低塩化が求められている。しかし、塩の添加量を減らすと腐敗の原因となることが懸念される。

原料魚に対する塩の添加割合について検討した例を図 2.38 に示す。仕込み時に原料に対して20％以上の塩を添加した場合、時間の経過に伴って原料や用いる器具に由来する菌数は減少し、仕込みから30日以降には検出限界となった。一方、塩の添加量が15％の場合には、仕込みから日数が経過しても生菌数の大幅な減少はなく、熟成期間を通して高い値で推移した。このことから、仕込み時の塩の添加量が少ないと原料由来の微生物の増殖を抑制することができず、いしるの製造においては原料に対して20％以上の塩の添加が必要であると考えられた。

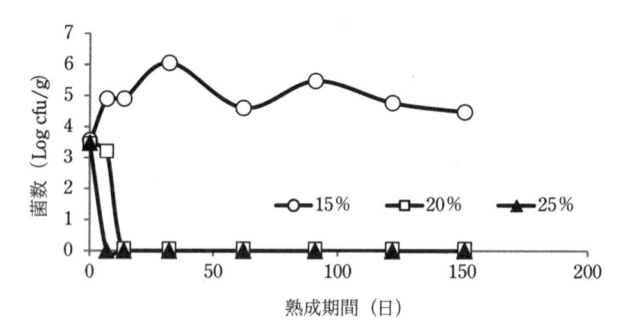

図 2.38 一般生菌数に及ぼすもろみ塩濃度の影響

2) 温度による影響

常温で熟成を行う場合、生菌数の挙動は気温にも大きな影響を受ける。ここでは伝統的な製法に則り、常温で1年間発酵させたいしるもろみの微生物数と、うまみ成分の指標である全窒素量の経時変化について図 2.39 に示す。

仕込み時、グラム陽性の好気性菌を中心に $10^5 \sim 10^6$ cfu/g であったいしるもろみの一般生菌数は、時間の経過に伴って減少し、仕込みから1カ月後の11月以降、生育はほとんど見られなくなった。これは、先に述べたように、仕込み時に添加した塩に加え、気温の低下によって原料や用いる器具に由来する菌の増殖が抑えられたためであると考えられる。仕込みから8カ月後の翌年6月、気温の上昇に付随するように好塩性酵母の菌数が増加し

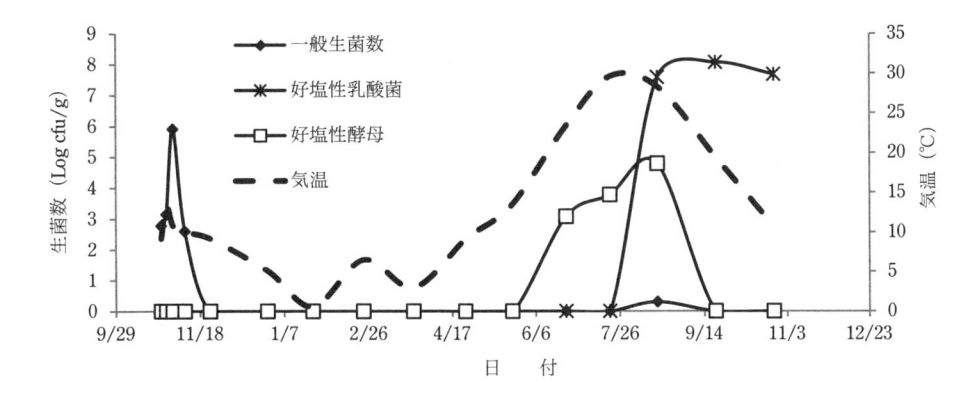

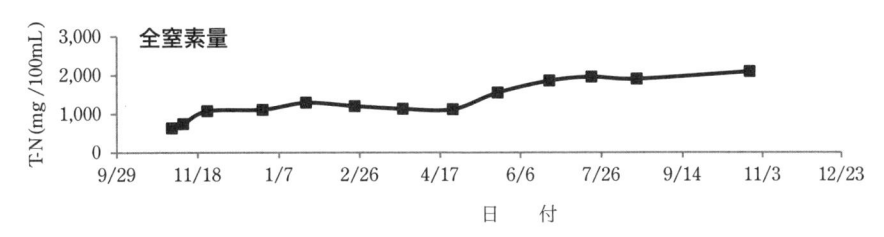

図 2.39 伝統的製法で仕込んだいしるの生菌数、気温と全窒素量

はじめ、続いて8月には好塩性乳酸菌数が大幅に増加した。仕込み時のもろみからは好塩性酵母や乳酸菌はほとんど検出されていないが、気温の上昇とともに、環境由来のもの、もしくは仕込み時に検出限界以下であった、ごくわずかなものが増殖したと考えられる。好塩性酵母や乳酸菌が産生するアルコールや有機酸などは魚醤油の味や風味に関与しており[13]、これらの菌の増殖は魚醤油の品質に大きな影響を与えると考えられる。

一方、全窒素量の経時変化について見ると、仕込みから1カ月の間で増加が見られた後は、気温の低下に伴ってしばらく平衡状態となる。その後、仕込みから7カ月後の5月、気温の上昇とともに再び増加しており、全窒素量の増加も気温の変化とよく対応している。このことからも、魚醤油製造において熟成中の気温は品質に大きく影響し、伝統的な魚醤油製造には「気温が上昇する夏を越す」という工程が大変重要であることがわかる。

2.7.4 関連設備の衛生状況

いしるを仕込んだタンクは屋内、または屋外に静置される。屋外に置く場合には、タンクに蓋をして雨などの混入を防いでいる。

タンクはいしる採取後、洗浄して次の仕込みに用いる。タンクに残っている汚れや微生物が次に仕込む際の汚染源となるため、洗浄には注意が必要である。仮に、ヒスタミン生成菌がタンクに残った場合、次に製造される魚醤油の熟成過程においても増殖し、結果としてヒスタミンが生成、蓄積されることになる。

2.7.5　想定される危害と管理基準

1) ヒスタミン

現在、日本国内では魚醤油中についての規格基準はないが、CODEX において策定された Fish Sauce の規格では、製品中に含まれるヒスタミンの基準は 400ppm と定められている。

ヒスタミンはアレルギー様食中毒の原因物質として知られており、アミノ酸の一種であるヒスチジンが微生物のヒスチジン脱炭酸酵素によってヒスタミンに変換され、食品中に蓄積する。ヒスタミンは鮮度の落ちたマグロやカツオなどの赤身魚などに蓄積しやすいため[18]、新鮮な原料を用いることは大前提である。

魚醤油にヒスタミンの蓄積が見られる場合、*Tetragenococcus halophilus*、*T. muriaticus* などの好塩性乳酸菌がヒスタミン生成菌として分離される[19-21]。よって、ヒスタミンの生成、蓄積を防ぐためには、例えば、用いる原料、器具、製造現場の洗浄や環境からの菌の混入を防ぐための措置、熟成過程における殺菌・制菌の処置が大変有効であると考えられる。しかし、*T. halophilus* は正常に発酵した場合の優占種と同一菌種であるため[22]、熟成過程で殺菌や制菌処理を行うことは品質にも大きな影響を及ぼすと考えられる。

なお、ヒスタミンについては第 4 章で詳述されるので参考にされたい。

2) 変敗

出荷された後の製品で、容器膨張や異臭などの変敗が起こる場合がある。これは、容器に充填される前の魚醤油の殺菌が十分でなかったために、出荷された後も容器の中で微生物の生育が続いていたことが主な原因である。液体採取後に行う火入れの工程は、オリ下げのほかに微生物の活動を止める殺菌の役割もある。出荷後の変敗を防ぐには、火入れ工程において十分に加熱を行い、魚醤油中の微生物の生育を止めることが重要である。

2.7.6　製造工程における危害管理

1) ヒスタミン除去技術

これまで、魚醤油製造過程におけるヒスタミン生成を抑制する技術として、乳酸菌スターターや酸、糖の添加が報告されている[23]。しかし、一度ヒスタミンが生成されると、分解されずにそのまま製品中に蓄積することとなる。そこで、筆者らは魚醤油中に蓄積したヒスタミンを低減する技術として、魚醤油中にベントナイトを添加し、ヒスタミンを吸着、除去する技術を開発した[24]。ベントナイトは、モンモリロナイトを主成分とする不溶性鉱物性物質で、増粘剤、染料のほか、ワインや醤油の清澄剤にも用いられている。このベントナイトがヒスタミン吸着能を有することを見出したため、効率よく魚醤油中からヒスタミンを吸着、除去するための条件について検討した。

pH を 5.0 および NaCl 濃度を 20% (w/v) に調整した魚醤油モデル溶液を用いた実験では、

溶液の温度が低いほど、またpHが低いほど多くのヒスタミンを吸着した（**図2.40**）。市販魚醤油に0.1〜30％の範囲でベントナイトを添加した場合、ベントナイトの添加量の増加に伴って吸着されるヒスタミンの量も増加し、30％添加では製品中に含まれるヒスタミン量の73.5％を吸着、除去することが可能であった。しかし、ヒスタミンとともに水分も吸着するため、ベントナイトの添加量の増加に伴って歩留りが低くなり、30％添加では歩留りは60％を下回った（**表2.14**）。ベントナイトによるヒスタミン吸着量は添加量の調節により制御可能であるが、ヒスタミンが大量に蓄積した製品ではベントナイトの使用量が増加し、歩留りの低下や製造コストの増大を引き起こす。そのため、できるだけ発酵期間中のヒスタミンの蓄積を抑えることが望ましい[16]。

2） 腐敗防止、品質の安定化

石川県で製造されているいしるは、多くの場合1〜2t容の大型のタンクに仕込まれる。そ

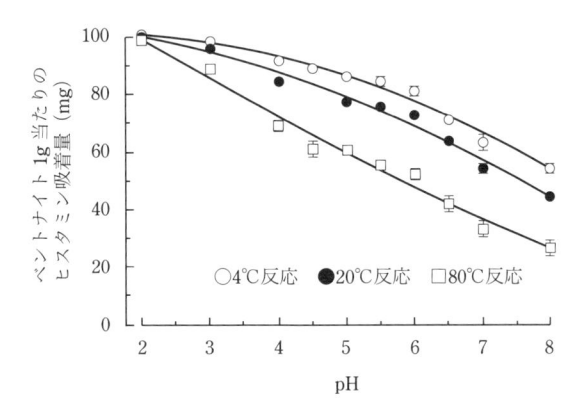

図2.40 魚醤油モデル溶液に及ぼすベントナイトのヒスタミン吸着効率に及ぼすpHの影響[24]
反応時間2時間、実験は3回繰り返して行った

表2.14 市販魚醤油へのベントナイト添加量とヒスタミン吸着および魚醤油歩留りの関係[23,24]

	ベントナイト添加量（%, w/v）							
	0.1	0.5	1	2	5	10	15	30
魚醤油中のヒスタミン量（mg/100mL）	99.5±3.1[a]	98.4±1.4[a]	98.3±0.8[a]	91.8±2.5[b]	80.7±2.0[c]	57.8±1.5[d]	48.8±2.8[d]	29.8±4.4[e]
ベントナイトによるヒスタミン吸着量（mg）	12.8±3.1[a]	13.9±1.4[a]	14.0±0.8[a]	20.5±2.5[b]	31.6±2.0[c]	54.5±1.5[d]	63.5±2.8[d]	82.5±4.4[e]
魚醤油の歩留り（%）	99.2±0.6[a]	97.9±0.9[a]	97.0±0.2[ab]	94.6±0.4[b]	87.7±0.1[c]	83.3±0.7[d]	79.4±0.6[e]	55.6±0.9[f]

ベントナイトは市販魚醤油の体積に対して0.1–30% (w/v)の割合で添加した。吸着反応は20℃で2時間行った。測定値は3回の実験結果の平均値±標準偏差を示した。上付きの異なるアルファベットは有意差（$p<0.05$）を表している。使用した魚醤油のヒスタミン含量は112.3mg/100mLである。

のため、一度にタンク内のもろみ塩濃度を均一にすることが困難で、仕込み後1週間程度毎日撹拌作業が行われている。塩濃度が均一になるまでの数日間はタンク内の塩濃度にバラツキがあり、極端に塩濃度が低い箇所、十分に塩が行き渡っている箇所などがある。この間に気温が上昇すると、塩濃度が低い箇所の微生物が増殖し、腐敗を引き起こす。

　原料と塩が均一に混合されている場合、仕込み後徐々に原料由来の微生物の増殖は抑えられ、仕込みから1週間後にはほとんど菌の生育は見られなくなる。また、熟成中の異常なpHの上昇や異臭の原因となる揮発性塩基窒素（VBN）の増加も見られず、熟成後のいしるは品質に全く問題のないものであった。

　しかし、もろみ中の原料魚に塩が全く接触していない箇所（塩濃度0％）では、仕込みから

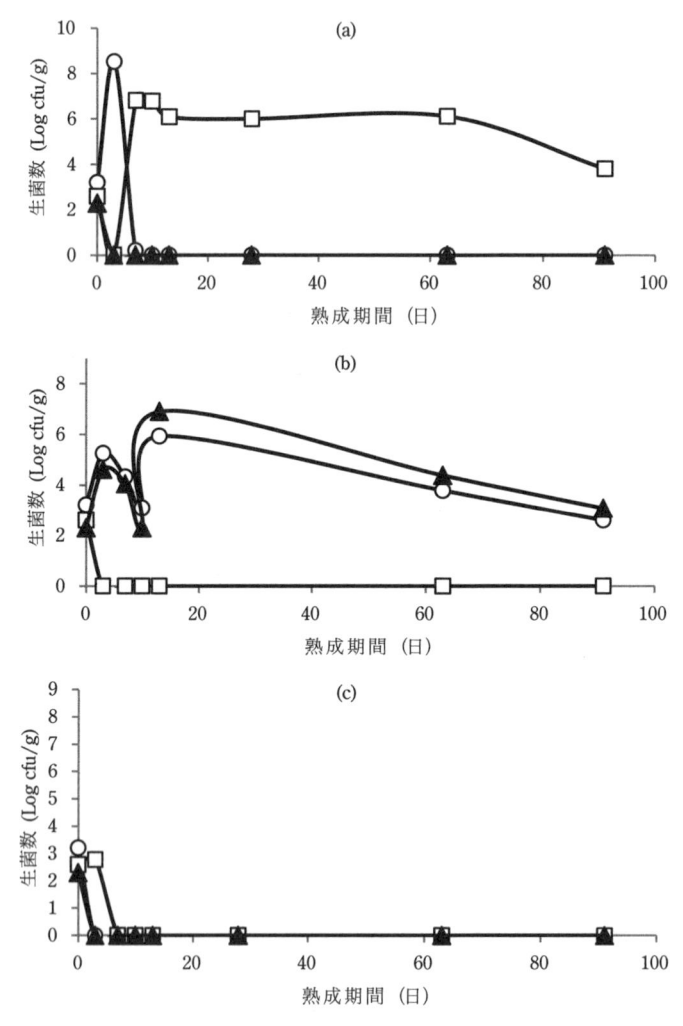

図 2.41　仕込み初期の塩濃度が生菌数に与える影響
○好気性菌、□嫌気性菌、▲好塩性乳酸菌
(a) もろみ中の原料魚に塩が全く接していない（塩濃度0％）、(b) もろみの塩濃度が十分ではない（塩濃度10％）、もろみの塩濃度が十分である（20％）
(a)、(b) は仕込みから3日目にもろみ全体の塩濃度が20％になるように調整

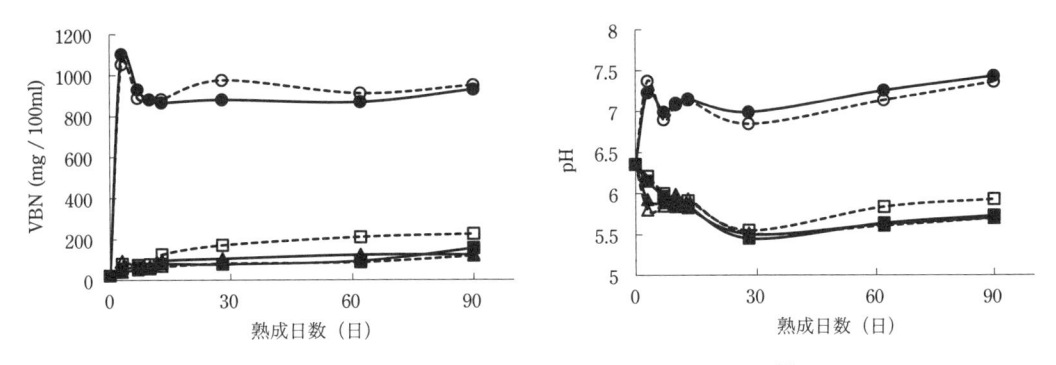

図 2.42 仕込み初期の塩濃度が生菌数に与える影響
左図：揮発性塩基窒素（VBN）、右図：pH
●もろみ中の原料魚に塩が全く接していない（塩濃度0%）ロットA、○もろみ中の原料魚に塩が全く接していない（塩濃度0%）ロットB、■もろみの塩濃度が十分ではない（塩濃度10%）ロットC、□もろみの塩濃度が十分ではない（塩濃度10%）ロットD、▲もろみの塩濃度が十分である（20%）ロットE、△もろみの塩濃度が十分である（20%）ロットF
塩濃度0%、塩濃度10%の試験区は、仕込みから3日目にもろみ全体の塩濃度が20%になるように調整

3日間で爆発的に生菌数が増加し、pHが異常に上昇、VBNも大幅に増加した。また、塩濃度が十分ではない（塩濃度10%）場合でも、仕込み後の生菌数は増加した。pHやVBN量は品質には問題のない範囲であったが、同じ条件で仕込んだ数本のいしるのpHやVBN量には差が生じた。その後、いしるもろみ全体の塩濃度が十分高くなるよう調整したが、爆発的な微生物の増殖が起こったタンクでは好気性菌の生育は抑えられたものの嫌気性菌が増殖した。また、一旦上昇したpHはその後も高いまま推移し、増加したVBNも減少することはなかった。熟成終了後にサンプリングした魚醤油は、明らかに異臭がしており、食用には適さないものであった。pHやVBN量の差が生じたタンクでも、熟成終了時までこの傾向は解消されなかった（**図2.41**、**図2.42**）。

このように、製造しているタンク内のいしるもろみ塩濃度が不均一なまま気温が上昇すると、塩濃度の低い箇所から腐敗や品質のバラツキが発生し、これが後の製品の品質にも大きく影響する。このような腐敗や品質のバラツキを防ぐためには、タンク内の塩濃度をできるだけ速やかに均一にすることが重要であるが、大量に仕込む場合はなかなか困難である。その場合、例えば、仕込みを気温の低い時期に行う、あるいは塩濃度が均一になるまでは冷蔵庫などの低温で保存することにより、微生物の増殖を抑えることが重要である。石川県で伝統的に行われているいしるの製造では、気温の低い春先や秋口に仕込みが行われているが、これは先人達の長年の経験と知恵によって見出されたノウハウなのである。

◆ 文　献
1) 農林水産省：水産流通統計年報 (1989～2011)

2) 平井　愛, 神崎信織, 田中恵美, 長倉光保, 遠藤　尋, 中村康子, 高井健太, 高原勝行, 野田佳宏, 土屋順久：食品衛生研究 62(6), 27-30 (2012)
3) 小泉鏡子：日本食品科学工学会誌 61(4), 160-167
4) 高嶋康晴, 森田貴己, 山下倫明：ミトコンドリア DNA および成分分析による加工食品の原料原産地判別, 水産物の原料・産地判別. 初版, 福田　裕・渡部終五・中村弘二編, 54-66, 恒星社厚生閣 (2006)
5) 山下由美子：産地判別 (2) 水産物の元素分析. 食品と容器 49(3), 142-149 (2008)
6) Takai N. and Mishima Y.: Carbon sources for demersal fish in the western Seto Inland Sea, Japan, examined by $\delta^{13}C$ and $\delta^{15}N$ analyses. *Limnol. Oceanogr.* 47, 730-741 (2002)
7) 中島紗知, 山田佳裕, 多田邦尚：香川県の沿岸域における魚類の炭素・窒素安定同位体比の分布. 香川大学農学部学術報告 59, 59-64 (2007)
8) 小泉鏡子：安定同位体比分析によるしらす干しの原料原産地判別の可能性. 日本食品科学工学会誌 58(6), 259-262 (2011)
9) 石毛直道, ケネス・ラドル：魚醤とナレズシの研究, 11, 岩波書店 (1990)
10) 藤井建夫：塩辛・くさや・かつお節, 53, 恒星社厚生閣 (1992)
11) 山瀬　登：いしり, 水産加工品総覧. 三輪勝利他, 395-396, 光琳 (1992)
12) 舩津保浩, 砂子良治, 小長谷史郎, 今井　徹, 川崎賢一, 竹島文雄：日水誌 66, 1036-1045 (2000)
13) 吉川修司, 田中　彰, 錦織孝史, 太田智樹：日食科工 53, 281-286 (2006)
14) 道畠俊英, 佐渡康夫, 矢野俊博, 榎本俊樹：日食科工 47, 369-377 (2000)
15) 森真由美：サゴシいしる, サワラ加工マニュアル. 浅野謙治他, 8-10, 独立行政法人水産総合研究センター (2012)
16) 川崎賢一, 舩津保浩：日水誌 69, 705-708 (2003)
17) 道畠俊英, 佐渡康夫, 矢野俊博, 榎本俊樹：日本食品科学工学会誌 47, 241-248 (2000)
18) 藤井建夫：食品の保全と微生物. p.23, 幸書房 (2001)
19) Satomi M., Kimura B., Mizoi M., Sato T., Fujii T.: *Int. J. Syst. Bacteriol.* 47, 832-836 (1997)
20) Satomi M., Furushita M., Oikawa H., Yano Y.: *Int. J. Food Microbiol.* 148, 60-65 (2011)
21) Satomi M., Mori-Koyanagi M., Shozen K., Furushita M., Oikawa H., Yano Y.: *Fish Sci.* 78, 935-945 (2012)
22) Taira W., Funatsu Y., Satomi M., Takano T., Abe H.: *Fish Sci.* 73, 913-923 (2007)
23) 里見正隆：醸協 107, 842-852 (2012)
24) 小善圭一, 森真由美, 原田恭行, 横井健二, 里見正隆, 舩津保浩：日本食品科学工学会誌 59, 17-21 (2012)

第3章　工場環境をレベルアップするために

　近年、食品製造業者や流通・販売事業者に対する消費者の視線は極めて厳しい。
　このような状況のなか、消費者の食品への要求に応えるためには、昨今脚光を浴びている"食の安全マネジメントシステム"の構築・導入・運用が望ましい。しかし、"食の安全マネジメントシステム"を導入することで得られる安全・安心であるが、システムを認証取得することのみが目的となってしまい、実際の製造現場や流通・販売過程でのシステム定着は十分とは言えないのが現実である、と筆者は認識している。その根拠として、連日のように"食品の回収・お詫び・返金交換"等の報告が行われているからである。
　"食の安全マネジメントシステム"を導入するにあたっては、品質と衛生の管理手法である一般的衛生管理が求められる。この一般的衛生管理要求事項が、全ての食品取扱関係者に理解され、日常業務遂行条件として行動されてこそ、消費者の信頼を得る最も有効な管理手法となる。そのためには、この業務に携わる従業員全ての人々が、モノづくり現場の主役としての意識と自覚を持ち、行動することが必須条件と言える。
　本章では、筆者の現場実践経験をもとに、"モノづくり現場の従事者一人ひとりが主役である"という考え方に基づいた取り組み姿勢を中心に記述する。今後の工場環境のレベルアップに役立てていただければ幸いである。

3.1　絶えない食品の回収事故や自主回収の実態

3.1.1　食品による危害と健康被害事故

　表3.1 に、1910（明治43）年から2014（平成26）年までに起きた主な食品事故を示した。このように、食を起因とする人々の健康や生命を脅かす食中毒事件や事故は、過去から現在に至るまで繰り返し発生している。そして、いまだにその後遺症で苦しめられている多くの人々がいる現実を、我々は重く受け止めなくてはならない。特に、2000（平成12）年7月に発生した、大手乳業会社製低脂肪牛乳による大規模食中毒事件を契機に、一般消費者の食に対する安全性と安心を求める商品選択は、従来以上に厳しい眼で評価する傾向を加速化させた。その後も続いて発生したBSE問題、牛肉産地偽装、鳥インフルエンザによる多くの養鶏殺処分、宮崎県を中心に牛30万頭に及ぶ口蹄疫殺処分、O-157食中毒流行、ノロウイルス蔓延、老舗食品製造メーカーの偽装改ざん・使い回しなどの事件により、食に対する一般消費者の信用・信頼は失墜したと言わざるを得ない。

表 3.1 過去に発生した食品に関わる事件事故事例報告（1910 年～2012 年抜粋）

発生年月	発生場所・企業名	原因食品	原因物質	被害状況
1910	富山県神通川流域（神岡鉱山）	食物連鎖	金属廃液・カドミウム	
1951		配給米（ビルマ産）	カビ汚染・黄変米	
1955.6	全国（森永乳業徳島工場）	粉ミルク	ヒ素が混入したミルク	死者 131 名 患者数 12,159 名
1956.5	熊本県水俣地区（チッソ水俣工場）	食物連鎖（魚介類）	工場廃液・有機水銀	死者 157 名 患者数 968 名
1965.6	新潟県（昭和電工）	食物連鎖	工場廃液・有機水銀	死者 33 名 患者数 625 名
1960	うそつき缶詰事件	にせ牛缶	鯨や馬肉にすり替え	
1968.3	福岡県北九州市カネミ倉庫鐘淵化学工業	カネミ油	PCB	死者 28 名 患者数 1,283 名
1990	埼玉県浦和市	幼稚園給食	O157 食中毒	死者 2 名 患者数 268 名
1996.5	岡山県邑久郡	学校給食	O157 食中毒	死者 2 名 患者数 468 名
1996.7	大阪府堺市	学校給食	O157 食中毒	死者 2 名 患者数 6,309 名
1998.7	和歌山県	毒物入りカレー	夏祭りカレーにヒ素	死者 4 名 患者数 67 名
2000.7	大阪府（雪印乳業大阪工場）	低脂肪牛乳	黄色ブドウ球菌（エンテロトキシン）	死者 1 名 患者数 14,849 名
2001.9		BSE（狂牛病）牛海綿状脳症	飼料（肉骨粉）	
2002.1	ハンナン、雪印食品、日本ハム	牛肉偽装 補助金搾取	国の牛肉買取り事業悪用	
2004.2	京都府丹波町 浅田農産	高病原性鳥インフルエンザ感染の鳥や卵	養鶏組合採卵日偽装 感染承知で鶏肉や卵を流通出荷	
2006	全国	カキなどの二枚貝	ノロウィルス猛威	患者数1,000万人に迫る
2007	不二家	賞味期限切れ原料使用製品		
2007.6	ミートホープ	牛肉ミンチ品質偽装	牛肉に豚や鳥肉混合 不良製品の混合使い回し	
2007	㈱赤福	餡餅 日付	製造年月日改ざん	
2007	船場吉兆	日本食料理	品質表示偽装 製品の使い回し	
2007	愛知県一色	うなぎ	原産地偽装表示	
2008.9	全国・大阪 三笠フーズ	汚染米	転売（使用目的限定米）	
2008.9	伊藤ハム東京工場	井戸水汚染	シアン化合物	生産停止 製品回収
2011.4	北陸（富山・福井）・神奈川	和牛ユッケ	腸管出血性大腸菌（O111）	死者 5 名 患者数 117 名
2012.8	北海道（札幌） 岩井食品	白菜浅漬け	O157 食中毒	死者 8 名 患者数 169 名
2013.12	アクリフーズ群馬工場	冷凍食品	農薬マラチオン混入	異臭・吐き気訴え 2,385 件（厚労省）
2014.1	静岡県（浜松）製パン会社「宝福」	学校給食パン	ノロウイルス	児童集団欠席 17 校 1,060 名

3.1.2 なぜ繰り返される食品の事件・事故

　食品に起因する事故は、なぜ繰り返されるのだろうか？　これまでに起きた食品事故を大別すると、次のようになる。すなわち、①農薬などの混入により起因した食中毒事故、②産地、商品、製造年月日などを変えた食品偽装、③製品の使い回しやラベルの貼替えといった企業倫理違反である。このような食品事故が起きた背景には、食品製造企業に共通した次のような理由が考えられる。

- 消費者重視・品質重視の管理意識が希薄になっている。
- 管理責任およびそれに伴う権限が曖昧になっている。
- 製品のリリースやサービスの提供時におけるチェック体制に不備がある。
- 問題点に対する改善意欲が低下している。
- 組織の危機管理能力が不足している。
- 経営者・管理者層のコンプライアンス知識の欠如がみられる。
- 行き過ぎた収益主義

　これらの事柄が重なって、取り返しのつかない事態を引き起こし、新聞紙面に社告掲載やテレビ謝罪会見といったお定まりのパターンを繰り返すのだが、謝罪して済む問題ではない。食品製造企業の法令順守に対する意識の希薄さと利益優先の経営感覚が、不祥事を繰り返す最大の要因といえる。

3.2　食の安全・安心を担保する一般的衛生管理前提条件

3.2.1　一般的衛生管理前提条件とは

　表 3.2 に、国際的な食品規格委員会であるコーデックス（CODEX）委員会が定める「食品衛生の一般的原則 8 要件」と、HACCP システムを円滑に導入するための一般的衛生管理 11 項目を示した。購入した食品が、安全で安心してヒトに消費されることの保証を目的として、原材料の生産から最終消費に至るまで食品の流れに対して一貫して適用できる食品衛生の基本的原則を、一般的衛生管理前提条件という。これは、食品の安全性を向上させる手段として、食品衛生法をはじめ、その他諸規則に定められた法令の順守が義務づけられ、全ての食品製造・加工・流通・販売過程に適用される。したがって、食品を取り扱う事業所では、食の安全と安心保証を担保するためには欠くことのできない食の衛生管理指標である。この管理要求事項が、各事業所において食品を取り扱う全ての従事者の日常業務規範として浸透・定着することが安全・安心を保証する絶対条件といえる。近年では、食の安全を担保する衛生管理手法として HACCP システムを基に様々な管理プログラムが構築され、運用展開されている。食品の一連の流れの各分野において、これらの管理プログラムが適切に運用されることで食の安全は担保される。

表 3.2　HACCP システムを円滑に導入するための衛生管理基本要件

コーデックス委員会の「食品衛生の一般的原則」8要件
1. 一次生産（原材料の生産）
2. 施設：設計および設備
3. 食品の取扱い管理
4. 施設：保守管理および衛生管理
5. 食品従事者の衛生
6. 食品の搬送
7. 製品の情報および消費者の意識
8. 食品従事者の教育・訓練
一般的衛生管理プログラムの要件（一般的衛生管理基準）
1. 施設設備の衛生管理
2. 施設設備、機械器具の保守点検
3. 使用水の衛生管理
4. 従業者の衛生管理
5. 製品の回収方法
6. 従業者の衛生教育
7. そ族昆虫の防除
8. 排水および廃棄物の衛生管理
9. 食品等の衛生的取扱い
10. 製品等の試験検査に用いる機械器具の保守点検

3.2.2　国際的な食の品質・安全基準

　HACCP システムとは、1960 年代に米国で宇宙食の安全性を確保するために開発された食品の衛生管理方式である。この方式は、国連の食糧農業機関（FAO）と世界保健機構（WHO）の合同機関である食品規格委員会（CODEX）から発表され、各国にその採用を推奨して国際的に認められ普及した衛生管理手法である。国内では、1996（平成 8）年 5 月に食品衛生法の一部が改正され、総合衛生管理製造過程（製造または加工の方法およびその衛生管理の方法について、食品衛生上の危害の発生を防止するための措置が総合的に講じられた製造または加工の工程）の承認制度が創設され、同月から施行された。この制度ができた当時、筆者の所属する事業所においても、総合衛生管理製造過程認証取得第一号を目指し、工場長をチームリーダーに HACCP 委員会を編成、保健所担当官との頻繁な情報交換や指導を受けてシステム構築に取り組んだものである。

　HACCP 方式は、原料の入荷から製造・出荷までの全ての工程において、予め危害を予測し、その危害を防止する衛生管理手法である。各工程で予測される危害を予防、消滅、許容レベルまで減少するための重要管理点（CCP）を特定して、そのポイントを計測的に監視・記録（モニタリング）し、異常が認められたらすぐに対策をとり解決することで、不良製品の出荷を未然に防ぐことができるシステムである。今はその管理手法が、世界標準化

して各種衛生管理プログラムに取り入れられ、普及している。

さらに、食の安全で安心な仕組みづくりに、各種のマネジメントプログラムが開発・発行されている。2005（平成17）年9月に、国際標準化機構から食品安全マネジメントシステム—フードチェーンに関わる組織に対する要求事項（ISO22000:2005　Food safety management systems—Requirements for any organization in the food chain）が発行され、2008（平成20）年1月に、最初の審査認定事業所が登録を受けた。以降、多くの登録審査認定機関が適切な事前審査を行い、所定の要求事項を満たす事業所に対して登録が行われ、現在に至っている。近年では、食品製造業のサプライチェーンを対象に、FSSC22000が国際規格であるISO22000を発展させたISO/TS22002-1を統合し、国際食品安全イニシアチブ（GFSI）が制定したベンチマーク承認規格として発行されている。FSSC22000審査を行うことで、世界の大手食品小売業者や大手食品メーカーに対して、お客様の食品安全マネジメントシステムの有効性を訴え、登録認証することを推奨・展開している。認証審査登録によるメリットとして、「食品安全のリスク低減を通じた顧客からの信頼獲得」、「業務効率の改善や組織体制の強化」、「継続的な改善による企業価値の向上」などを掲げ、システム導入に伴う有効性を強調して関係企業に対して登録拡大を働きかけている。

3.2.3　マネジメントシステムを構築・導入・適切運用するために

マネジメントシステムを自社の衛生管理標準指標と捉え、日常の業務管理に取り込み適切に運用することは、安全で安心な商品づくりのためには大変有効な管理手段である。なぜならば、組織に属して、それぞれの立場で役割と責任・権限を明確に定め、自らに与えられた責務を滞りなく着実に実践した結果が、安全で安心な商品を市場に提供する使命遂行と消費者への信頼関係構築に大いに寄与するからである。これらマネジメントシステムや食の安全管理手法として提唱されているHACCPシステムは、適切に導入・運用・定着（維持継続管理）ができてこそ、その効果が実利的に評価される有効手段となる。

各種のマネジメントシステムにおいて、その効果を発揮させる最も重要な因子となるのが、そのシステム運用に関わる全ての「人」である。組織は、各種マネジメントプログラム導入・定着に最も影響力を発揮する「人」が、重要なファクターとなることを認識して、人材（財）育成の仕組みづくりに対して、社内管理体制構築に力点を置き傾注する仕掛けが必要である。

3.2.4　食品安全マネジメントシステムが一人歩きしないために

食の安全・安心を担保するマネジメントシステムとして、HACCPシステムを取り入れた各種の食品安全管理プログラム導入や、外部登録審査機関による認証取得が今、注目されている。しかしながら、納品先からの認証取得要請や他企業に追随して、認証取得はし

たものの、自社の現実と乖離した要求事項を文書化しただけで、実際には管理部門と現場の実務作業に整合性が見られず、その結果、維持・継続管理に行き詰まり苦慮するケースがしばしば見られている。このようなケースは、システム導入初期段階ともいえる、従業員との目的意識の共有化やコミュニケーション不足が原因であることが多い。地に足の付いたマネジメントシステム構築が、食の安全・安心を担保して、先々の企業経営活性化や従業員意識改革活動に展開する有効なツールとなるのである。食品の製造・加工取り扱い事業所の最も重要な土台となる、一般的衛生管理行動が軽視された状態でマネジメントシステムの認証を取得すると、その後のシステム維持・継続に大きな弊害となる。また、時間と労力を投入して認証取得はしたものの、なんのメリットも得られず、厄介な管理手法だけが足かせとなり、社内のコミュニケーション悪化の副産物として事業所の経営効率を悪化させる要因にもなりかねない。各種マネジメントシステム導入目的は、登録認証取得が目的ではない。システムを自社のマネジメント手段として、日常のモノづくりで必要かつ運用価値ある手法と解釈して、道具の1つとして使いこなす職場環境が求められる。

3.2.5　人に委ねられる一般的衛生管理前提条件の運用

　一般的衛生管理前提条件の要求事項内容は、概ね人に対する衛生的行動について文書化され、日常業務管理で順守することを求めている。"当たり前が守られない"ために、職場を任された管理監督職を悩ませる大きな運営阻害因子として立ちはだかるのである。この問題解決に多くの労力を費やしながらも、なかなか改善できずに混迷している実態をしばしば目にする。また、ハード面でどの程度の対応をするかも改善手段となりうるが、いくら高額な設備投資をしても、その設備を日常取り扱う人の衛生行動を教育しなければ全く意味がない。さらに、社内の衛生行動ルールを文書化するとともに、その作業手順の目的や逸脱した場合のリスクと影響を理解することによって、品質に関わるトラブルを回避できるのである。そして、ルールを守らせるには、リーダーシップをとる人が率先して行動し、ルールを守ることの目的や利点、弊害点などをきちんと説明する姿を見せることが有効である。

3.3　従業員の意識が変われば会社も変わる

3.3.1　求められるトップの意識変革と率先垂範行動

　"うちの従業員は、○○だからダメ"と言う経営者や管理職の方に時々出会うことがある。ちょっと待った!!　従業員の行動を非難して、自社の管理・経営能力不足を従業員の責任に転嫁するような発言をしている経営者や管理職が周りにいませんか？　これこそが大きな思い違いと言えるし、ここがダメ企業の最大の要因と言える。

トップの思いや目指す企業理念を、日頃から熱く従業員に語りかけ、組織が一丸となって、それぞれに与えられた役職と責任を遂行する姿勢や意気込みが企業内に満ち満ちている事業所は、入り口を入ってすぐに訪問者に伝わってくるものである。最初に応対する受付担当者の、元気ではつらつとした出迎えと態度や、待っている間の掲示物などで、訪問者には会社の状況や目標、さらには従業員の教育姿勢などが手に取るようにわかるのである。経営トップの意気込みや姿勢が、全ての従業員に浸透している会社をつくり出す仕掛け人は、何といっても経営者トップであり、管理者である。

トラブルが起こると、必ずと言ってよいほど耳にする、"担当者には言っておいたはず"や"現場は知っているはず"といった言い訳の発言が聞かれる。これらは自らが日頃現場に立ち会わず、担当者任せにしている経営トップや管理者のお定まりの発言であり、取り繕い管理の弱点露呈場面である。職場改善活動を積極的に取り込むトップの本気度が従業員レベル育成機会となり、結果として経営効率化で企業業績向上につながる鍵となるのである。求められる経営トップや管理職とは、積極的な率先垂範行動の勇姿を、機会あるごとに従業員に示す人間である。

3.3.2 人の意識を変える効果的な職場改善活動の導入

"何のために働くのか？"と問われた時、すぐに答えられるように日頃から頭の中を整理しておくことも管理者にとって必要なことである。仕事（働くこと）を通じて収入を得、生き、食べるために仕事をする。それも1つの考え方であり、否定する理由はない。しかし、同じ働くなら、やりがいや達成感の喜びを味わいたい、仲間と共有したいと思うのも働く理由の1つであろう。その過程において自らも磨かれ、成長することにもなる。その手段としての職場改善活動の導入や展開は、これまでにも有効で効果的な結果をもたらし、多くの成功体験事例を見聞きしている。

職場改善活動には、"QCサークル（職場の管理・改善を全員参加で取り組む）"、"TPM（全員参加の生産保全）"、"5S（整理・整頓・清潔・清掃・躾）改善"、"食品衛生7S（整理・整頓・清掃＋洗浄・殺菌・躾＝清潔）"、"改善提案制度"などの手法が一般的に取り入れられ、成果の実績が周知されている。これらの活動はそれを通じて、各人の個性や特質技能を存分に発揮する場となり、その特技を仕事仲間に知らしめる最高の場面となる。職場で起きる身近な課題について仲間と協力して取り組み、問題解決する過程は、働く喜びにつながるとともに、主体的行動意識へと各人が変化していく、良い活動である。その結果、会社組織で個人に与えられた目標が"言われたからやる"から"自ら気づき行動できる"に"変身"し、企業人としての自信と成長に結びつくのである。目的もなく、ただただ言われたままに行動する姿は空しい。

ただし、この改善活動導入と定着・継続のためには、上部からの押し付け活動になって

はならない。"やらされ感"の重しを従業員に課した場合は、目標達成はおろか、内部コミュニケーション悪化を引き起こし、「害あって益残らず」の、まさに"苦しいサークル活動"となってしまう。そのために、経営トップ自らの本気度表明（「キックオフ大会」開催など）を声高らかに発声して、活動をスタートさせるとともに、活動中は自らの関与を社内外に発することが、従業員を本気にさせる決め手となる。

3.3.3 改善活動事例紹介

自主改善活動としては、以下の図に示したような「きれいに磨く」、「元の姿に復元する」、「見栄えの良さの追求」、5S（整理・整頓・清掃・清潔・しつけ）の継続的展開などがある。

① 改善活動で変化を体感（初歩編－1）：機械ピカピカ活動

② 改善活動で変化を体感（初歩編－2）：パレット置き場のライン引き（定置管理）

③ 改善活動で変化を体感（初歩編－3）：送液ホースの用途識別表示（定置管理）

3.3 従業員の意識が変われば会社も変わる

④ 改善活動で変化を体感（初歩編－4）：身近な職場で不具合の解消例（定置管理）

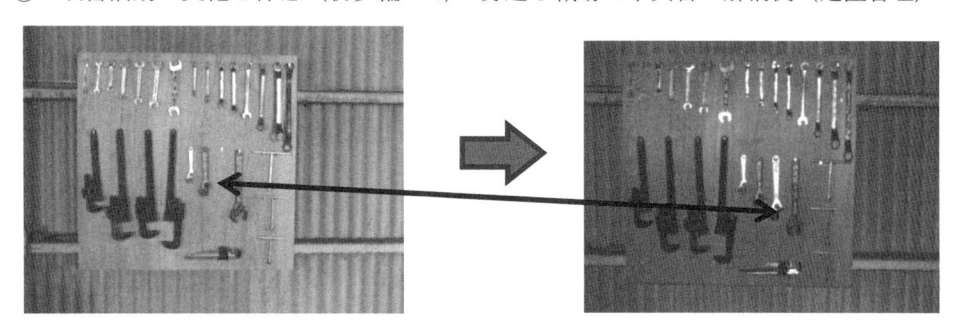

～使ったら片づけるが当たり前の習慣～
　その都度工具や器具は片づける！
　明日また使うと言っても片づける習慣づけ！！
　片づけが出来ないことは、仕事の出来栄えも推して知るべし！！

⑤ 改善活動で変化を体感（進化編－1）：定置管理で見える化

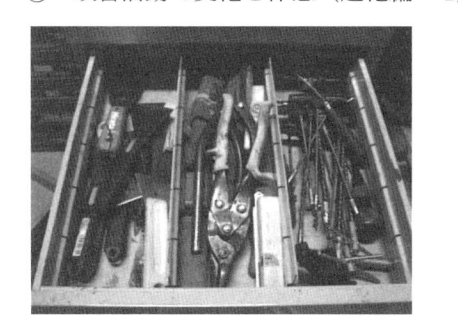

⑥ 改善活動で変化を体験（進化編－2）

第3章　工場環境をレベルアップするために

⑦　異物混入防止策（塗料剥がれ）

⑧　分解・組み付けで、設備の構造を理解──そして愛着！　設備の声が聞こえるオペレーター育成効果

⑨　清掃・メンテナンスをやりやすく：電気配線の組み付け整理

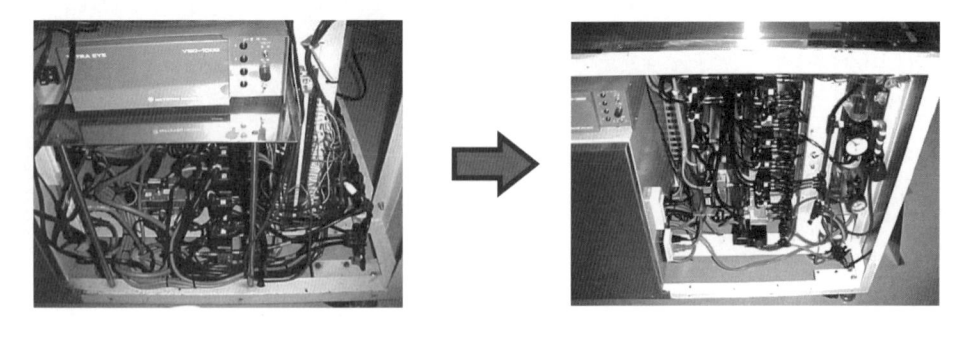

3.4 食の安全・安心はモノづくりの現場管理が鍵となる

3.4.1 人が主役（必要とされる従業員とは）

　HACCPシステム／ISO9001／ISO22000／FSSC22000など、消費者に食の安全・安心を提供する管理手段はいくつもあるが、実際にその管理手順や決め事を生産活動で運用するのは、現場を担当する従業員一人ひとりの行動にかかっている。新設の工場において、新規に導入された最新の機器を使い、工程検査まで全自動システムが導入されたとしても、それらの設備機能を余すことなく使いこなして設計通りの良い品質の製品を市場に供給するのは、モノづくり現場を担当する人にかかっている。老朽化した設備機器を日常のメンテナンス管理を徹底して行い、機器のちょっとした変化も見逃すことなく察知して、修復に着手して故障停止させることなく管理するのも人である。モノづくり現場に求められる人材は、会社にとっての財産である"人財"とならなければいけない。

　人が主役のモノづくり現場に必要とされる従業員を育成するためには、企業が明確な人材育成計画を定め、揺らぐことなく一貫して着実に教育を継続する姿勢が必要である。食の安全・安心管理体制構築には、マネジメントプログラムで手順や作業標準書などをルール化した文書管理とともに、システムを確実に運用するために配置された従業員一人ひとりの使命感あふれる行動が必須であり、人が主役となるモノづくり現場でなければ、目標達成は望めない。

3.4.2 ルールを守る職場風土の構築（「当たり前」が守られない!!）

　安全な食品を製造加工するため、衛生的作業環境を維持することでHACCPシステム導入の効果を高め、有効なマネジメントシステムの継続維持に不可欠な基礎条件が、一般的衛生管理前提要件である。しかし、食品を製造加工するための基礎条件であるにも関わらず、なかなか浸透せず確実に実行されないのも事実である。管理システム認証登録審査機関の指摘事項に挙げられる項目の中に、必ずと言っていいほど基礎条件の不履行が問題提起されている。

　何故、「当たり前」が守られないのか？　それは日常において、各事業所のルールや約束事に対する取り組み姿勢が、大きく起因している。ルール不順守を見逃す職場、見て見ぬ振りの上司や仲間のかばい合い、上司自身がルール無視の日常行動など、事業所のルール厳守や法令順守の雰囲気が軽視される会社風土が最大要因である。本来簡単にできるはずの衛生管理行動である手洗い、服装、入場手順などを守らずにチェックする人を配置するといったムダな管理が、日常平然と行われている実態をよく見かける。

　決め事には必ず目的があり、守らなかったらどのような結果が生じるかを、作業要求事項一つひとつについて、全社的に再確認する教育に時間をかける必要がある。安全な食品

を製造加工するために"法律は絶対守る"、"決めたルールは必ず守る"を合言葉に、経営トップや管理者の率先垂範と一般従業員が一体となって、本気モードで職場改革に取り組まなければならない。あるべき姿の共有化（手本の共有）は、全員が到達点レベルの一致を示すべきである。

　消費者が求める、安全で安心して購入できる製品を市場に提供することが、食のモノづくり現場の従業員にとっての最大の使命である。消費者の期待を裏切るような製品を絶対出荷しない。そのためには、決められた職場のルールは絶対守るという基本姿勢と、自身が会社の財産となる人財に変身するため、自己研鑽を継続することが求められる。

　お客さまが製品を選ぶ基準には、「価格」「安全・安心」「品質」といった選択肢が考えられるが、"価格"は製品を選ぶ第一条件ではない。市場に出す製品が消費者の期待を裏切らないために、製品設計通りの工程で品質と安全をつくり込み、"あの会社の製品なら安心だね"と言ってもらえるように、モノづくり現場の衛生環境の維持を企業の最優先方針と位置づけ、組織一丸となって取り組むことが必要である。

◆ 参考資料・文献

1) （財）食品産業センター：食品製造・加工業のための ISO22000 解説書．(2007)
2) （株）日本環境認証機構技術部：ISO22000 審査員／主任審査員トレーニングコーステキスト．(2009)
3) （財）日本規格協会編：対訳 ISO22000:2005　食品安全マネジメントシステム．(2008)
4) 米虫節夫，金　秀哲，衣川いずみ：やさしい ISO22000　食品安全マネジメントシステム入門．（財）日本規格協会編 (2012)
5) （財）食品産業センター：食品事故情報告知ネット．(2013)
6) 鶏卵肉情報センター編：月刊 HACCP　2013 年 7 月号
7) 柴田昌治：なぜ社員はやる気をなくしているのか．日経ビジネス文庫 (2010)

第4章 ヒスタミン

　ヒスタミンはアレルギー様食中毒の原因物質で、人間が大量に摂取すると発疹、顔面紅潮、血圧低下を引き起こす。水産物中、特に鮮度の落ちた青魚などで蓄積されやすい。日本では食品中のヒスタミン量についての基準値は設定されていないが、水産物の品質指標として考えられることもあり、水産業界では本物質の制御は重要である。本章では水産物で問題となるヒスタミンについて、食中毒防止の観点から解説する。

4.1 ヒスタミンの化学的特徴

　ヒスタミンは分子式 $C_5H_9N_3$、分子量 111.14 のアミンの一種で、アミノ酸であるヒスチジンの脱炭酸反応で誘導される（図4.1）。無色、無臭で一般的な加熱調理では分解しない。人体では肥満細胞のほか、好塩基球やECL細胞（enterochromaffin-like cell）がヒスタミン生成細胞として知られている。血圧降下、血管透過性亢進、平滑筋収縮、血管拡張、腺分泌促進などの薬理作用があり、アレルギー反応や炎症の発現に介在物質として働く。生体内で普段は細胞内の顆粒に貯蔵されており、細胞表面の抗体に抗原が結合するなどの外部刺激により細胞外へ一過的に放出される。また、マクロファージなどの細胞ではヒスチジン脱炭酸酵素（HDC）により生成されたヒスタミンを顆粒に貯蔵せず、持続的に放出することが知られている[1,2]。アレルギー様食中毒の原因物質である。

L-ヒスチジン → (細菌による脱炭酸 Histidine decarboxylase) → ヒスタミン + 二酸化炭素 CO_2

特徴
・必須アミノ酸、分子量155.16
・イミダゾール基を持つ塩基性アミノ酸
・赤身魚に大量に含まれる

特徴
・アレルギー様食中毒の原因物質
・生理活性アミン、分子量111.14
・無色透明で無臭、熱に強い

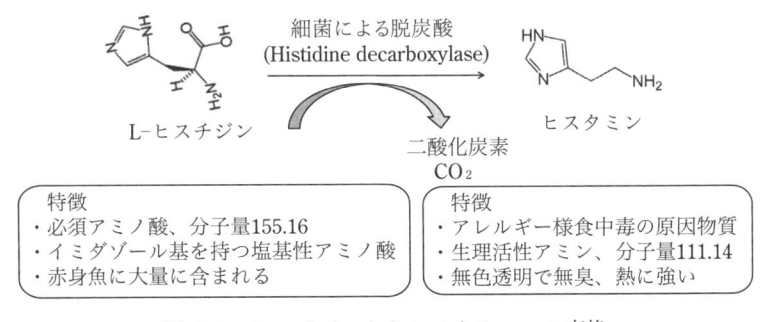

図4.1　ヒスチジンからヒスタミンへの変換

4.1.1 アレルギー様食中毒

　ヒスタミンは先述したように発疹、顔面紅潮、血管拡張、血圧降下などの薬理効果があ

表4.1 学校給食のヒスタミン食中毒発生状況（大規模な事例）

年月	発生場所	原因食品	摂食者数	患者数
H18.9	埼玉県	カジキマグロの照り焼	574	33
H20.6	群馬県	カジキマグロの照り焼	2,899	78
H20.11	東京都	マグロのケチャップ煮	675	43
H21.1	札幌市	マグロのごまフライ	512	279

厚生労働省HPより

り、経口投与でもこれらの症状を誘発することが知られている。ヒスタミンを大量に含む食品を摂取し、引き起こされた食中毒事例を「アレルギー様食中毒」と呼んでいる。食品のなかでもサバやマグロなど、ヒスチジンを大量に含む赤身魚がアレルギー様食中毒の原因食品となることが多い。アレルギー様食中毒は、食物アレルギーの患者が特定の原因食品を食べて免疫反応により発症するアレルギーと異なり、生理活性物質であるヒスタミンを許容量以上に摂取しなければ発症しない。つまり、魚介類などが新鮮でヒスタミンが大量に含まれていなければ食中毒は起こらない。毎年、学校給食などで20件程度の食中毒事例が報告され、患者数は500名程度、死亡例は報告されていない（**表4.1**）。原因食品として赤身魚加工品が多いとされている[3,4]。

4.1.2 ヒスタミンの摂取許容量

これまでの研究から、ヒスタミンがアレルギー様食中毒の主な原因物質であるということはほぼ間違いないとされている。しかし、人体へのヒスタミン投与に関する研究例が少なく、ヒスタミンに対する感受性には個人差がある。そのため、経口投与によるヒスタミンの毒性については不明な点が多い。過去に、成人ボランティアにヒスタミンを含む魚肉を摂取してもらい、症状が出た時の摂取量を報告した研究例があるが、わずか被試験者8名の研究の結果であった。この研究例においては、90mgのヒスタミンを魚肉と一緒に摂取した場合、8人中2人に症状が認められたのに対し、50mgの摂取では症状を訴える人はい

表4.2 ヒスタミン最大無毒性量（NOAEL）の推定

摂取したヒスタミン量	実験した魚種	実験した人数	症状を示した人数	文献
25mg	マグロ	8	0	Motil and Scrimshaw, 1979
45mg	ニシン	8	0	Van Gelderne et al., 1992
50mg	マグロ	8	0	Motil and Scrimshaw, 1979
90mg	ニシン	8	2	Van Gelderne et al., 1992
100mg	マグロ	8	2	Motil and Scrimshaw, 1979
150mg	マグロ	8	2	Motil and Scrimshaw, 1979
180mg	マグロ	8	6	Motil and Scrimshaw, 1979

文献4を改変

なかった。そのため、50mg がヒスタミンの最大無毒性量（NOAEL）と考えられている（**表 4.2**）[4]。

このデータを基に 2012（平成 24）年に開催された FAO/WHO によるバイオジェニックアミン専門家委員会（主にヒスタミンについて議論された）では、一般的に 1 回の食事で 200mg/kg (200ppm) の濃度でヒスタミンを含む水産物を、通常の提供状態で 250g 摂取した場合までは症状が現れないと判断している[4]。ここで、ヒスタミン摂取量の計算は全て魚肉と一緒に摂取した場合としている。これはボランティアへの投与実験が魚肉に混ぜた状態で実施されたこともあるが、魚肉と混ぜることでヒスタミンへの感受性が高くなることが知られているためである。つまり、ヒスタミン単体よりも魚肉中の未知の物質と一緒に摂取した方がアレルギー様食中毒を発症しやすいと考えられているのである。また、体内に取り込まれたヒスタミンの大部分（70〜80％）は尿として速やかに排出され、残りは体内で分解された後、二酸化炭素などとして放出されるため、摂取後数時間で排出され体内に蓄積されることはない。そのため、先述した専門家委員会でもヒスタミンの許容摂取量は 1 食当たりで計算している。

4.1.3 ヒスタミン以外のアミン類

ヒスタミン以外にも、生理活性作用があり食品中で蓄積されるアミンが存在する。水産物ではカダベリン、プトレシン、チラミン、アグマチン、トリプタミン、スペルミジン、スペルミン、フェネチルアミンなどが主に検出される。これらをまとめてバイオジェニックアミンと呼ぶこともある。バイオジェニックアミンのほとんどはヒスタミン同様、食品中に含まれるアミノ酸から二酸化炭素が脱落（脱炭酸）して生成される。

例えば、リジンからはカダベリンが、オルニチンからはプトレシンが、チロシンからはチラミンが生成される。この脱炭酸反応は通常、食品中では微生物によるもので、魚肉の場合、鮮度の低下とともにプトレシンやカダベリンといった腐敗アミンと呼ばれる、腐肉に多く含まれるアミン類が蓄積される。また、発酵食品のような微生物を利用した食品などでも蓄積されやすい傾向にある。しかし、正常な発酵が行われている限り、腐敗アミンは蓄積されない。

チラミンはチョコレート・カカオに多く含まれるが、微生物により生成されたものではなく、カカオに元々含まれていたものである。

これらのバイオジェニックアミンは、ヒスタミンほどではないが人体に生理活性作用を及ぼす。しかし、ヒスタミン同様、人体に対する詳細な検討はなされていない。また、これらのアミンは単独では生理活性作用が弱く、最大無毒性量もヒスタミンに比べて数百倍高い（毒性としては弱い）が、ヒスタミンと一緒に摂取されると相乗効果を示して、アレルギー食中毒を誘発するとされている。ヒスタミン含量が低いにも関わらず、アレルギー様

食中毒の原因となった食品の場合、これらのアミン類が蓄積されていたとの報告もある[4]。通常の食品検査ではヒスタミン含量のみを検査するが、食品の種類、状態によっては、これらのバイオジェニックアミンの分析も必要である。

4.1.4 ヒスタミンおよびアミン類の分析法

食品中のヒスタミン含量を測定する簡易キットは数多く市販されている。測定原理も多種多様であり、抗ヒスタミン抗体を用いた ELISA 法やヒスタミン分解酵素を利用した比色分析法などがある。これらのキットは特別な測定機器を必要としないため、食品の製造現場で品質管理の一環として利用されることが多い。古くから公定法として使われてきた AOAC 法は操作が煩雑で、測定にはある程度の技術が必要である。

近年では、高速液体クロマトグラフィー（HPLC）が普及し、各検査機関や研究機関では本法による測定が主流である。さらに、HPLC に質量分析計 (MS) を組み合わせた LC-MS 法も技術開発が進んでいる。簡易キットと AOAC 法がヒスタミンのみの測定に限定されるのに対し、HPLC や LC-MS 法は他のバイオジェニックアミンを同時に測定できる利点がある。また、分析精度も前者より高い。HPLC 法の場合、移動相、カラム、検出法を変えることで測定したいアミンに合わせた分析システムを構築できる。

上述したように、目的に合わせて各種測定法を採用すればヒスタミンを中心としたバイオジェニックアミンを分析することが可能であるが、各方法共通して、食品検体からアミン類を抽出しなければならない。抽出作業は時間と手間がかかる作業であり、処理時間の短縮、現場での作業量低減はこの工程の簡素化にかかっている。現状では、最も測定手順が簡単と思われる比色分析によるヒスタミン測定キットでも、ヒスタミンを抽出するためには検体の魚肉を一定量採取し、抽出液と混合した後、煮沸と濾過（または遠心分離）が必

表4.3 各種ヒスタミン測定法

	AOAC 法	HPLC 法	官能検査	ELISA	チェックカラー
検出時間（1サンプル）	1-2 時間	1-2 時間	瞬時	1 時間	1 時間以内
機器	蛍光検出器	HPLC	なし（鋭敏な味覚と嗅覚）	プレートリーダー	分光光度計
定量限界	1-5 ppm	1.5-5 ppm	500-1000 ppm 以上？	2-5 ppm	20 ppm
レンジ	1-100 ppm	5-2,500 ppm	なし	0-500 ppm	20-300 ppm
コメント	実績あり 公定法 操作煩雑 技術必要	定量性は最良 機械が高価	経験と良い舌と鼻が必要 時々間違う 味見する度胸	キットあり EU 推奨	キット 日本産 簡便

文献 4 を改変

要である。将来的には非破壊での分析または抽出作業を伴わない分析法の確立が望まれる。**表 4.3** に各種ヒスタミン測定法の特徴をまとめた[4]。

4.2 ヒスタミン生成機構

食品中のヒスタミンは、アミノ酸の一種であるヒスチジンが微生物（主に細菌）により変換されて生成するものである。ヒスチジンからヒスタミンへの変換は、細菌の持つヒスチジン脱炭酸酵素（EC.4.1.1.22）によるもので、酵素の型により以下の2つに分類される[1,2]。①補酵素にピリドキサル五リン酸（PLP）を要求する PLP 依存型酵素と、②活性中心がピルボイル基であるピルボイル酵素である。

PLP 依存型 HDC はグラム陰性菌のほか哺乳類の肝臓などに存在し、ピルボイル型 HDC はグラム陽性細菌にのみ存在する。PLP 依存型酵素を持つグラム陰性ヒスタミン生成菌は海洋および陸上に広く分布し、増殖も速く、生鮮魚介類のヒスタミン蓄積に関与している。一方、ピルボイル型酵素を持つグラム陽性ヒスタミン生成菌は醤油、味噌、チーズ、ワインなどの発酵食品で問題となる。

食品中のヒスチジンはヒスタミン生成菌により菌体内に取り込まれ、HDC によりヒスタミンに変化し、ヒスタミンと二酸化炭素として菌体外に放出される。ヒスタミンは先述したようにアミンの一種であるので、塩基性（水溶液でアルカリ）を示す。そのため、ヒスタミン生成菌がヒスタミンを生成するのは食品中の酸を中和するためであると考えられている。

図 4.2 に、ヒスタミン生成菌の増殖とヒスタミン蓄積量、および pH の変動の様子を示した。ヒスタミン生成乳酸菌が増殖するにつれ、培養液の pH が低下するが、ヒスタミンの蓄積量の増加に伴い pH は上昇しているのがよくわかる。このように、ヒスタミン生成菌のヒスタミン生成は低 pH ストレスに応答していると考えられている。魚の死後、筋肉中の pH は乳酸の蓄積などにより低下し、また、魚醤油などの発酵食品においても発酵中に乳酸発酵が進み、仕込み液の pH は低下する。このような環境はヒスタミン生成菌によ

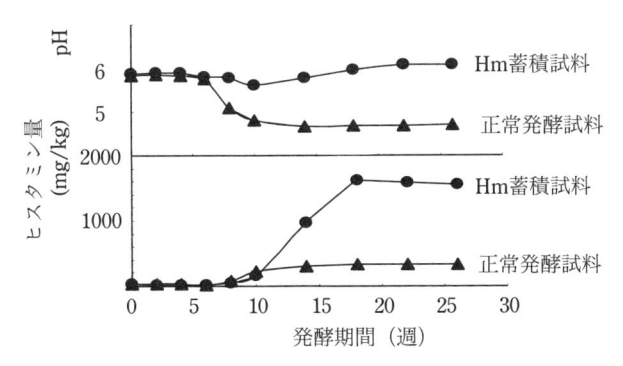

図 4.2 魚醤油発酵中の pH とヒスタミン量の変化
ヒスタミンを生成してもろみの pH を上昇させている（文献 15）

るヒスタミン生成を促進していると考えられる。

このように、2つの型のヒスタミン生成菌群は生息場所、菌種こそ違え、ヒスタミンを生成する様式、意義については同じである。ヒスタミン生成能を保有することは、低pH環境で生存競争に勝ち抜くために必要な手段の1つかもしれない。以下に、2つの型のヒスタミン生成菌について解説する。

4.2.1　グラム陰性ヒスタミン生成菌（生鮮魚介類のヒスタミン生成菌）

グラム陰性ヒスタミン生成菌は、主に生鮮魚介類や加工度の低い水産物から分離される菌群で、陸棲の腸内細菌科細菌と海洋性の*Photobacterium*属細菌に二分される。どちらの菌群もPLP依存型HDCを持ち、増殖が速く、ヒスタミン生成能も強い。水産物中で温度管理に不備があると短時間でヒスタミンを生成する[5]。

(1)　腸内細菌科

水産物のヒスタミン生成菌として古くから研究されてきた菌群で、*Morganella morganii*、*Enterobacter aerogenes*、*Raoultella planticola*などが主要なヒスタミン生成菌として知られている[6]。腸内細菌科に属するため、大腸菌と似た性状を持つ。呼吸経路を持つ通性嫌気性菌である。これらのヒスタミン生成菌は、他のヒスタミン非生成腸内細菌科細菌と同様、陸棲細菌で、主に哺乳動物の生息域およびその近隣環境中に分布している。水産物およびその関連施設にも日常的に生存しており、水揚げ後の漁獲物に容易に付着する。多くの腸内細菌科細菌の至適増殖温度は37℃前後であるため、これらの細菌に汚染された食品を低温（冷蔵）で管理しているのであれば多くの場合、問題ない。近年、低温でも増殖する*Morganella*属細菌が報告されているが、これらの菌が水産物中でヒスタミンを著量蓄積するためには冷蔵庫内で1週間程度かかるため、現在の日本の物流状況では問題ない。腸内細菌科に属するヒスタミン生成菌の種類は十数種類報告されているが、腸内細菌科に属する細菌の表現形質や増殖特性はお互いに似ており、食品中での挙動はどの菌でもほぼ同じであると考えられる。

(2)　*Photobacterium*属

海洋性のヒスタミン生成菌は主に*Photobacterium*属細菌で、腸内細菌科細菌と増殖特性が似ている*P. damselae*（図4.3）と低温性の*P. phosphoreum*、および未同定の低温性ヒスタミン生成菌群が水産物中から分離される[6,7]。本属は海洋性の鞭毛を有する運動性桿菌で、*Vibrio*属（腸炎ビブリオやコレラ菌が属する）と近縁である。呼吸経路を持つ通性嫌気性菌である。これらの海洋性細菌は増殖に食塩を要求し、一般生菌数測定では計数されないことが多い。本菌群は海洋性であるため、海水中に普遍的に存在し、水産物には漁獲前か

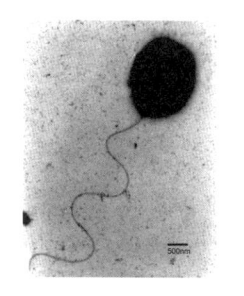

図4.3 *Photobacterium damselae* の電子顕微鏡写真

ら付着している。漁獲後も海水を含んだ湿潤環境が維持されている限り生残している。真水による洗浄は、本菌群を含む海洋細菌全般に対する減菌効果がある。中温菌である *P. damselae* は至適増殖温度が30〜37℃である。*P. phosphoreum* や未同定の低温性ヒスタミン生成菌群は低温性なので4℃（冷蔵庫の温度）で増殖できるが、30℃以上では増殖できない。これらの菌が水産物中でヒスタミンを生成するためには5℃で3〜6日間かかるとの報告がある[7]。これまでの研究でも、海洋性の低温性ヒスタミン生成菌の増殖は5℃で3日程度と報告されている[8]。

(3) ピリドキサルリン酸依存型ヒスチジン脱炭酸酵素（PLP依存型HDC）

PLP依存型HDCは分子量約170kDa、四量体で、補酵素としてPLPを要求するヒスチジンからヒスタミンへの変換酵素である。*Morganella morganii* を含む腸内細菌群や海洋性の *Photobacterium damselae* および *P. phosphoreum* などのグラム陰性菌が保有している。本酵素をコードしている遺伝子は、ゲノム上に存在すると考えられている。しかし、上記の細菌種の全ての株が本遺伝子を保有しているかは不明である。つまり、上記の菌種においてヒスタミン生成能が種に定着している性状なのか、菌株によって異なるのか未だ解明されていない。本酵素は凍結に耐性を持ち、食品または培地中に放出された本酵素は−20℃で凍結後融解しても活性を維持していた。

上記のヒスタミン生成菌は一般に凍結に弱く、凍結融解の過程で相当数の菌が死滅または損傷を受けているが、酵素は失活することなく残存している可能性が高い。そのため、細菌検査ではヒスタミン生成菌として検出されない状態でも、本酵素単独で食品中に放出された場合はヒスタミン生成の原因となると考えられる[9,10]。

4.2.2 グラム陽性ヒスタミン生成菌（塩蔵・発酵食品のヒスタミン生成菌）

グラム陽性ヒスタミン生成菌は主に醤油、水産発酵食品、チーズ、ワインなどの発酵食品から分離され、乳酸菌、*Staphylococcus* 属、*Clostridium* 属細菌などがこれまでヒスタミン生成菌として報告されている。高塩分の食品からは好塩性乳酸菌や耐塩性の *Staphylococcus* がヒスタミン生成菌として分離される。ワイン、チーズなどの食品では *Lactobacillus* や *Oenococcus oeni* などの乳酸菌がヒスタミン生成菌として分離される。これらの菌群は共通してピルボイル型HDCを保有している。

(1) 好塩性乳酸菌

魚醤油、大豆醤油などの高塩分の発酵食品からは好塩性乳酸菌の *Tetragenococcus halophilus*（図 4.4）や *T. muriaticus* がヒスタミン生成菌として分離される[11-13]。*Tetragenococcus* 属は5種で構成されるが、塩蔵・発酵食品に関係するのは上記2種である。残りの3種については塩蔵・発酵食品との関連が不明である。本属はグラム陽性の四連球菌で、生理生化学的性状は典型的な乳酸菌の性状に合致する。*T. halophilus* と *T. muriaticus* は好塩性で食塩濃度20％以上でも増殖し、食塩濃度0％では菌株によっては増殖しない。通性嫌気性菌であるため、好気および嫌気環境でも増殖するが、呼吸経路は持たない。

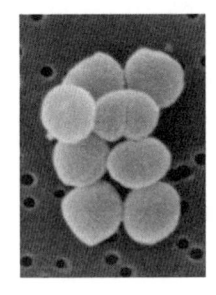

図 4.4 *Tetragenococcus halophilus* の電子顕微鏡写真

T. halophilus は大豆醤油、魚醤油、味噌などの優占菌であり、これらの食品の発酵スターターとしても使われている[14]。至適増殖温度は30℃前後で、40℃を超えると増殖しない。10℃以下では増殖が鈍化する。乳酸菌であるが、中性〜微アルカリ環境を好み、pH5.0以下では増殖が著しく阻害される。ヒスタミン生成能は株に依存しており、ヒスタミン生成酵素遺伝子を獲得した株のみヒスタミンを生成する。

T. muriaticus は魚醤油から分離され、*T. halophilus* と同じような棲息環境を好むと考えられるが、魚醤油以外からはほとんど分離されない。本菌のヒスタミン生成能も株に依存する。*T. halophilus* と *T. muriaticus* のヒスタミン生成酵素遺伝子はプラスミドにコードされているため、ヒスタミン生成能に関わる本遺伝子は移動性であると推測される[15]。

(2) 非好塩性乳酸菌

ワイン、チーズ、ソーセージ、乳製品などの農産物では *Oenococcus oeni*、*Lactobacillus* spp.、*Streptococcus thermophilus* などがヒスタミン生成菌として問題となる[16]。これらの菌は、古くから乳酸菌として知られてきた菌種で、生理生化学的性状は典型的な乳酸菌の性状と合致する。増殖に食塩を要求せず、6％以上の食塩濃度で増殖が阻害される。グラム陽性の桿菌または球菌で、呼吸経路を持たない通性嫌気性菌である。乳酸生成能が高く、pH3〜4の酸性環境でも増殖する。至適温度は30℃前後である。水産物からヒスタミン生成菌として分離されることは少ないが、練り製品などのネト生成菌や酸敗菌としての分離例がある。これらの乳酸菌においてもヒスタミン生成能は菌株依存的であり、ヒスタミン生成酵素遺伝子は移動性であると考えられている。上述した好塩性乳酸菌のヒスタミン生成酵素とアミノ酸の相同性が高く、本酵素の起源が同じであると推察されている。

4.2 ヒスタミン生成機構

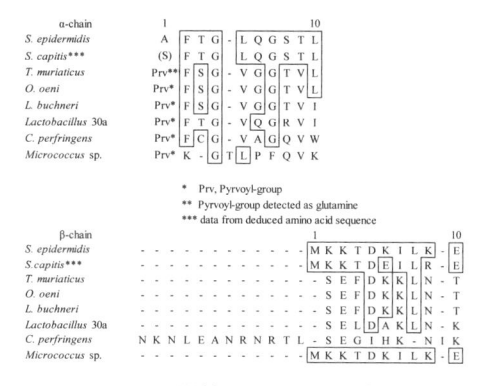

α-chain		1								10	
S. epidermidis		A	F	T	G	-	L	Q	G	S	T	L
S. capitis***		(S)	F	T	G	-	L	Q	G	S	T	L
T. muriaticus	Prv**		F	S	G	-	V	G	G	T	V	L
O. oeni	Prv*		F	S	G	-	V	G	G	T	V	L
L. buchneri	Prv*		F	S	G	-	V	G	G	T	V	L
Lactobacillus 30a	Prv*		F	T	G	-	V	Q	G	R	V	I
C. perfringens	Prv*		F	C	G	-	V	A	Q	V	W	
Micrococcus sp.	Prv*		K	-	G	T	L	P	F	Q	V	K

* Prv, Pyrvoyl-group
** Pyrvoyl-group detected as glutamine
*** data from deduced amino acid sequence

β-chain											10	
S. epidermidis	-	-	-	-	-	M	K	K	T	D	K	I	L	K	-	E
S. capitis***	-	-	-	-	-	M	K	K	T	D	E	I	L	R	-	E
T. muriaticus	-	-	-	-	-	-	S	E	F	D	K	K	L	N	-	T
O. oeni	-	-	-	-	-	-	S	E	F	D	K	K	L	N	-	T
L. buchneri	-	-	-	-	-	-	S	E	F	D	K	K	L	N	-	T
Lactobacillus 30a	-	-	-	-	-	-	S	E	L	D	A	K	L	N	-	K
C. perfringens	N	K	N	L	E	A	N	R	N	R	T	L	-	S	E	G	I	H	K	-	N	I	K
Micrococcus sp.	-	-	-	-	-	M	K	K	T	D	K	I	L	K	-	E

図 4.5 グラム陽性ヒスタミン生成菌のアミノ酸配列比較
上図：α鎖の配列、下図：β鎖の配列
乳酸菌内ではよく保存されている（文献 20）

(3) その他のグラム陽性菌

ヒスタミン生成菌として生ハムから *Staphylococcus capitis*[17] が、魚味噌から *S. epidermidis*[18] が分離されている。*Staphylococcus* 属細菌はグラム陽性の球菌で、属内に黄色ブドウ球菌（*S. aureus*）を含んでいる。通性嫌気性菌で耐塩性を示す。魚醤油や魚介類糠漬けなどの高塩性の発酵食品（食塩濃度 10％以上）においてしばしば分離されるが、増殖に食塩を要求しない非好塩性細菌である。至適増殖温度は 37℃前後で、条件が良ければ 12 時間で定常期に達する。本菌群においてもヒスタミン生成能は菌株に依存しており、ヒスタミン生成酵素遺伝子は移動性の因子に乗っていると報告されている。

上記 2 種由来の HDC のアミノ酸配列はほぼ同一であり、乳酸菌由来のものとは若干異なっている（図 4.5）。食塩濃度が 15％以上である水産発酵食品は *Staphylococcus* 属細菌にとっては決して良い生息環境ではないが、好塩性乳酸菌よりも速く増殖できるため、このような食品中でも一時的に優占菌になることもある。

これまでの報告をまとめると、食塩濃度が 10％前後の食品では、本菌も重要なヒスタミン生成菌であると言える。その他、*Clostridium perfringens* や *Micrococcus* 属などの細菌がヒスタミン生成菌として知られているが、食品との関わりが不明である。いずれの細菌もピルボイル型 HDC を保有しているが、乳酸菌および *Staphylococcus* 属由来の酵素とはアミノ酸配列が若干異なり、系統的に古くに分岐したことが推定される[19]。

(4) ピルボイル型 HDC

ピルボイル型 HDC は分子量約 200kDa、α、β サブユニットで構成されるヘテロ六量体の酵素で、ピルビン酸から誘導されるピルボイル基を持つのが特徴的である。生成機構として、RNA から翻訳後 1 本のペプチド鎖が α、β サブユニットに切断され、α サブユニットにピルビン酸から誘導されるピルボイル基が修飾後、成熟酵素として機能すると考えられている。先述したように、本酵素は *Tetragenococcus* spp.、*Lactobacillus* 属や *Oenococcus oeni* などの乳酸菌、*Staphylococcus* sp. および *Clostridium perfringens* のようなグラム陽性菌に存在している。

本酵素をコードしている遺伝子はゲノムまたはプラスミド上に存在し、移動性の DNA 因子またはプラスミドにより株間を移動していると考えられている[14]。したがって、グラム陽性菌におけるヒスタミン生成能は菌株依存的である。*Tetragenococcus* spp.、*Lactobacillus*

属、*Oenococcus oeni*、*Staphylococcus* sp. および *Clostridium perfringens* 由来の本酵素の性状についてはこれまでに調べられており、*S. epidermidis* 由来のものは 80℃でも活性を維持しており、高温でもヒスタミンを生成できることが報告されている。また、凍結にも耐性を持ち、食品または培地中に放出された本酵素は－20℃で凍結後融解しても約 96％の活性を維持していた。これらの性状は、加熱により細菌は死滅しても条件によっては酵素単体で残存することを示唆している[20]。

4.3 水産物のヒスタミン蓄積

水産物のなかには生鮮魚介類、加工品、発酵食品など様々な形態のものが含まれているため、ヒスタミンの蓄積状況についても多種多様である。実際、水産物のヒスタミン量について CODEX をはじめ各機関で規制値を設けているが、機関によっては生鮮魚介類、加工品、発酵食品にそれぞれ規制値を設定している。本項では、ヒスタミン生成機構が全く異なる生鮮魚介類と発酵食品に分けてヒスタミン生成機構について解説する。

4.3.1 生鮮魚のヒスタミン蓄積

生鮮魚を貯蔵すると自己消化により筋肉組織が崩壊し、体表や腸内の微生物が魚体内に侵入する。自己消化が進行すると、魚体からは大量のドリップが浸出し、周囲に存在する微生物の栄養源として利用される[21]。一般的に、魚介類の鮮度が低下（腐敗が進行）するとアンモニアなどの臭気を発する腐敗成分が生成され、容易に可食か否か判定ができるようになる。ヒスタミン生成菌も腐敗菌とともに魚体内に侵入して魚肉の分解に寄与し、ヒスタミンを生成するため、ヒスタミン含量と腐敗の進行度は相関していることが多い（**図 4.6**）。

生鮮魚の場合、先述したように、海洋では海洋性ヒスタミン生成菌に、水揚げ後は陸棲

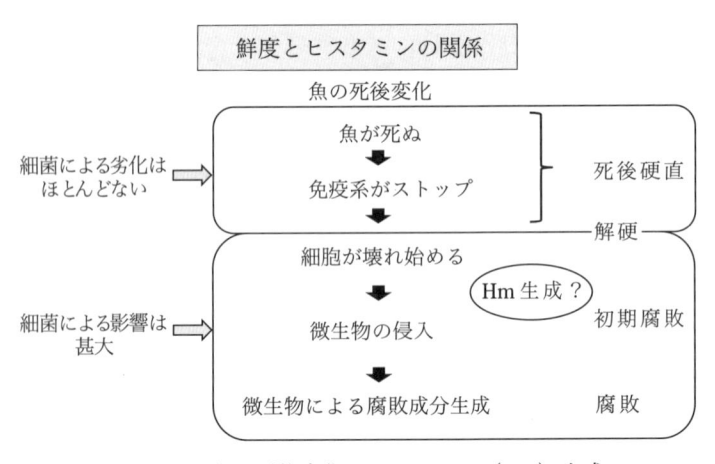

図 4.6 魚の死後変化とヒスタミン（Hm）生成

の腸内細菌科細菌に汚染される可能性が高い。そのため、ヒスタミン生成菌は常に魚体に付着していると考えられる。しかし、実際に魚肉中でヒスタミンが蓄積されるかは、付着している細菌の種類、密度により影響される。東京湾の海水についてヒスタミン生成菌の出現状況を周年追跡した研究によれば、ヒスタミン生成菌の出現は海水温に依存し、夏季はヒスタミン生成菌の出現頻度が高かったと報告されている[6]。

また、魚体貯蔵中に腐敗菌やその他の菌が増殖し、ヒスタミン生成菌が淘汰されれば、ヒスタミン蓄積に至らないこともある。逆に、ヒスタミン生成菌のみが増殖できる特殊な環境が揃った場合、官能的に可食と判断できてもヒスタミンを大量に蓄積し、食中毒を引き起こす。これに加えて、同一個体内でもヒスタミン生成菌の付着密度などによりヒスタミン濃度の偏りがみられ、魚体の一部だけを検査してもヒスタミン蓄積の様相を正確に把握することは難しい。

このように、ヒスタミン食中毒の機構は少しずつ明らかになってきているが、依然として不明な点が多く残されている。

(1) ヒスタミン生成と鮮度

生鮮魚の場合、腐敗の進行とヒスタミンの蓄積は相関しているとみなされるが、ヒスタミンの生成はヒスタミン生成菌の菌数や増殖状態に大きく影響されるため、魚肉の貯蔵条件、魚種、加工形態により蓄積の様相は大きく異なる。そのため、FAO/WHOバイオジェニックアミン専門家委員会でも「ヒスタミンの生成と生鮮魚介類の鮮度は同義ではない」とCODEXに答申している[4]。先述したように、魚肉の腐敗とヒスタミンの蓄積は相関しない例も多く見受けられ、「ヒスタミンが少ないほど鮮度が良い」、「ヒスタミン含量は鮮度指標」といった認識は誤りであることは明確である。あくまでもヒスタミン含量はアレルギー中毒を引き起こすリスクを示しているのであり、鮮度は反映していない。

(2) 魚種による特徴

魚肉中のヒスチジンがヒスタミンに変換されるため、発酵や酵素製剤による筋肉タンパク質分解などの処理を行ってヒスチジンを遊離させない限り、筋肉中の遊離ヒスチジン含量の高い魚種がヒスタミン蓄積のリスクが高い魚種といえる。日本では漁獲量・流通量が多い、サバ、イワシ、サンマ、カジキ・マグロ類などが主なアレルギー様食中毒の原因魚種として知られている[3,6]。これらの魚種の筋肉中の遊離ヒスチジン含量を**表4.4**に挙げた。これらの魚種の遊離ヒスチジンはいずれも高く、一部がヒスタミンに変換されただけでも食中毒の発症量に到達することは明らかである（**表4.5**）。

日本における食中毒事例を見ても、ヒスタミン中毒の原因食品となったサバで10,000mg/kg以上もの高濃度のヒスタミンを含んでいた[3]。海外でもカジキ・マグロ類、シ

表 4.4　各種魚類の遊離アミノ酸組成 (mg/100g)

	サンマ	マサバ	マイワシ	マダイ
タウリン	128	17	45	138
ヒスチジン	677	754	964	4
アラニン	13	10	20	13
その他	53	127	61	235
合　計	871	908	1,090	390

文献 21 より抜粋

表 4.5　3 日間貯蔵した生鮮魚介類のアミン含量 (mg/kg)

	イワシ 5℃	イワシ 20℃	サバ 20℃	白身 22℃
ヒスタミン	21	8,000	12,000	約 40
チラミン	0.1	11	—	—
プトレシン	1.5	9.3	—	—
カダベリン	6.5	28	—	—
合　計	29.1	8,048.3		

文献 25 より抜粋

イラ、南洋性の回遊魚が原因魚種として認識されている。FAO/WHO バイオジェニックアミン専門家委員会の報告書では、過去にアレルギー様食中毒を起こした魚種やヒスチジン含量の高い魚種のリストを作成し、一般名、学名、ヒスチジン含量、漁獲量を掲載している[4]。リストに挙がった魚種はヒスタミンを蓄積しやすいと推定されるが、あくまでもヒスチジン含量が高いということだけである。取り扱いが悪ければ、低ヒスチジン含量の魚種でもヒスタミン蓄積は起こり得る。実際に、海外ではサケでアレルギー様食中毒が起きている。現在、遊離ヒスチジン含量が高いにも関わらず、ヒスタミンを生成しにくい魚種というものは知られていない。

4.3.2　塩蔵・発酵食品のヒスタミン蓄積

　水産発酵食品、特に魚醤油[22]でもヒスタミンの蓄積は問題となるが、多くの場合、原料に大量の食塩が加えられるため、生鮮魚で問題となるヒスタミン生成菌や腐敗臭を生成する細菌は存在しない[23]。つまり、このような食品では腐敗臭を発することなくヒスタミンを蓄積していることが多い。食塩を大量に含む塩蔵・発酵食品のヒスタミン生成菌は鮮魚のものとは異なり、好塩性乳酸菌や耐塩性グラム陽性菌などである。ここでは、近年、食の安全・安心志向の高まり、加工残滓の有効利用などの観点から、製造量が激増している発酵調味料（魚醤油）を例にとり、ヒスタミン蓄積機構を解説する。

(1) 魚醤油発酵中のヒスタミン蓄積

一般的な魚醤油は、原料魚に終濃度20％程度の食塩を加え1年以上発酵させたもので、麹などを使用する製法も知られている。しかし、発酵調味料製造過程において、ヒスタミンが蓄積することがあり、製品によっては2,000ppmを超えることもある（図4.7）[14]。一般に魚醤油は高塩分で、製品のpHは5.0前後と低い。発酵の機構としては、自己消化または麹を使用した場合は、自己消化に加えて麹によるタンパク質分解によるものが主流である。微生物の作用は好塩性乳酸菌による乳酸発酵が重要であると考えられ、乳酸発酵により仕込み液のpHが低下することで発酵に好ましくない微生物の増殖を抑制している。

魚醤油発酵中の優占菌相について調べた結果を図4.8に示す。発酵開始直後において、優占微生物として *Staphylococcus* spp. が分離されたが（*Bacillus* spp. が検出されることもある）、その後、好塩性乳酸菌数 *Tetragenococcus* spp. が増殖して優占菌となり、そのまま発酵後期まで優占菌の状態を保っていた。さらに、ヒスタミンを蓄積した魚醤油からヒスタミン生成菌の数および種類を調べた結果、魚醤油の優占菌である好塩性乳酸菌の一部の菌がヒスタミン生成菌であった（図4.9）。つまり、魚醤油では優占菌である *Tetragenococcus* spp. と同種のヒスタミン生成能を持つ菌が混入し、発酵中に正常な菌とともに増殖し、ヒスタミンを生成する。魚醤油仕込み液の優占菌（好塩性

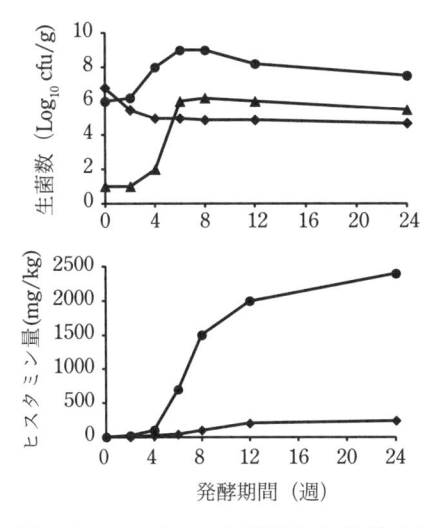

図4.7 ヒスタミンを蓄積した魚醤油もろみ中のヒスタミン生成菌数の挙動（文献15）
上図：●好塩性乳酸菌数、▲ヒスタミン生成菌数、◆一般生菌数
下図：◆正常発酵した時のヒスタミン量、●ヒスタミンを蓄積した試料のヒスタミン量

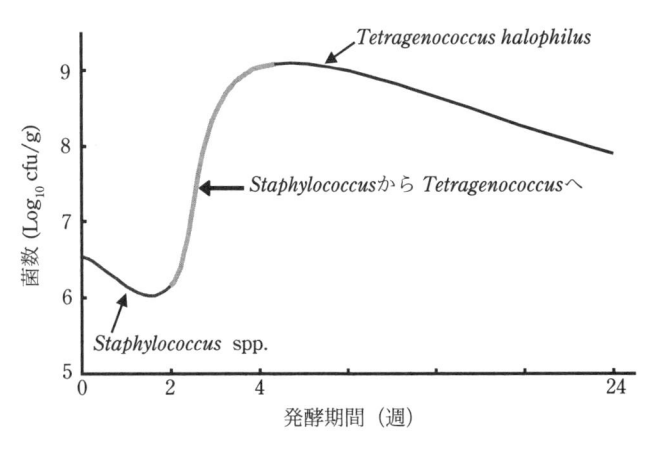

図4.8 魚醤油発酵中の優占細菌種の変遷（文献15）

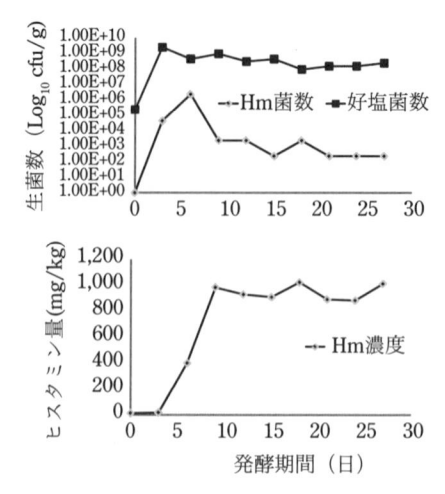

図 4.9 ヒスタミン(Hm)を蓄積した魚醤油発酵中の好塩性乳酸菌数とヒスタミン生成菌数の比較
上図:好塩性乳酸菌数とヒスタミン生成菌数の比較、下図:ヒスタミンの蓄積。ヒスタミン生成菌数とよく相関している

乳酸菌)のうち、わずか 0.1% の菌がヒスタミン生成菌であった場合でもヒスタミンの蓄積は観察されたことから、発酵に使用する原料、容器などは品質、清浄度などについて注意が必要である。国際的にも CODEX において魚醤油の規格基準が策定され、ヒスタミンの基準値は 400ppm となっているため[24]、ヒスタミン低減技術の開発は重要である。

4.4 ヒスタミン蓄積抑制法

4.4.1 生鮮魚介類におけるヒスタミン蓄積抑制法

生鮮魚で問題となるヒスタミン生成菌は、前述したように通常の海洋細菌と腸内細菌科細菌である。したがって、大腸菌群や腸炎ビブリオの増殖を抑制するように対策を講じていれば問題はない[4]。一部のヒスタミン生成菌は低温環境でも増殖するが、ヒスタミンを著量蓄積するまでに最短で 5℃ で 3 日かかることから(**図 4.10**)[5-8]、コールドチェーンを徹底し、加工工程でも温度管理が行き届かない時間帯をなくすことが重要である。FAO/WHO バイオジェニックアミン専門家委員会でも、HACCP の徹底で制御可能なリスクであると報告されている[4]。つ

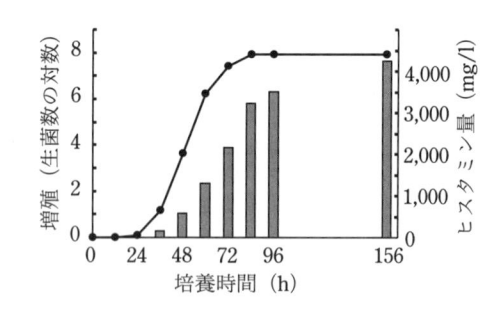

図 4.10 低温性ヒスタミン生成菌の増殖とヒスタミン生成量
折れ線グラフ:ヒスチジン添加ペプトン海水培地中での増殖曲線。5℃ にて培養。定常に達するまでに 72 時間
棒グラフ:ヒスタミン生成量。増殖に伴ってヒスタミンが蓄積

表 4.6　漁獲後、海水中に放置された魚体中のヒスタミン濃度

放置時間（時間）	アミン量 (mg/kg)		
	ヒスタミン	カダベリン	プトレシン
カツオ、25℃			
0	1.5	0.6	1.7
0	1.2	0.5	1.2
6.5	0.8	1.1	0.8
8	3.3	1.4	1.4
8	3.9	3.0	2.3
10	8.9	8.5	2.0
カツオ、31℃			
3	2.9	0.5	2.0
4.5	1.9	2.0	1.4
6	2.9	6.5	2.4
7	5.3	14	1.6
8	5.8	15	2.5
10	332	17	4.3
キハダマグロ、31℃			
3	3.3	0.4	0.8
4	0.2	0.3	0.9
6	2.6	8.3	2.0
6	9.6	8.5	1.5
9.5	97	19	4.2
10.5	131	19	6.7

文献 4 を改変

まり、ヒスタミン蓄積の予防は通常の食中毒防止の3原則と同様、「つけない」「増やさない」「やっつける」を実践することが大事である。

カジキ・マグロなど、はえ縄漁で漁獲される大型魚の場合、はえ縄にかかってから船上にあげられるまでの履歴があいまいで、海水温によっては死亡個体中でのヒスタミン蓄積が懸念される。FDAの研究では海水温31℃の場合、はえ縄にかかってから10時間以内ならヒスタミン蓄積のリスクが少ないことを示している（**表 4.6**）[4]。このように漁獲時の履歴、状態が追跡できると、ヒスタミンによる蓄積リスクを回避できる可能性が高くなる。

4.4.2　塩蔵・発酵食品におけるヒスタミン蓄積抑制法

日本では、ヒスタミンに関する規制値は未だないが、国際的には先述したように、CODEXにおいて魚醤油の規格基準が策定され、ヒスタミンの基準は400ppmに設定されている。また、発酵調味料の生産量は急増しており、食の安心・安全を求める消費者ニーズに応えるためにも早急に対応すべき問題である。

(1)　発酵スターターの利用

魚醤油におけるヒスタミン生成菌は、正常に発酵した場合の優占菌種である*T. halophilus*

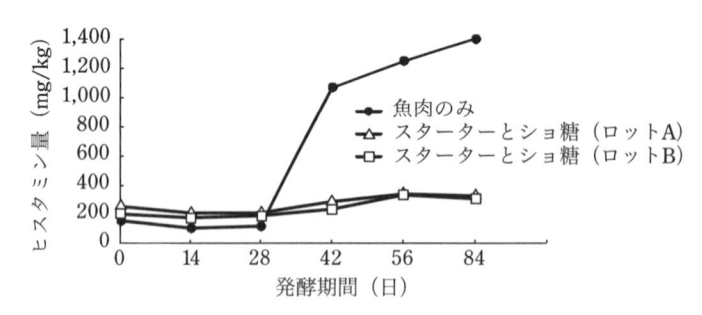

図4.11 魚醤油製造時にスターターとショ糖を添加した効果
（文献15）
●コントロール（無添加）、△発酵スターターとショ糖（3%）添加（ロットA）、□発酵スターターとショ糖（3%）添加（ロットB）

と同じ菌種であることから、ヒスタミン生成菌を殺菌的に処理することは、有用菌である他の *T. halophilus* 株にも大きな影響を与えることになる。また、遺伝子解析でも示唆されたようにヒスタミン生成遺伝子は種を超えて伝播するため[15]、特定の菌株のみを制御してもすぐに別のヒスタミン生成菌株が発生することも考えられる。そのため、発酵スターターを利用して、魚醤油発酵時の細菌相を制御する必要がある。

図4.11に示すように、市販の好塩性乳酸菌スターターとショ糖を魚醤油仕込み液に添加して発酵させた場合、ヒスタミンの蓄積が抑制され、スターターの添加はヒスタミン蓄積抑制に効果的であることがわかる。しかし、魚醤油仕込み液中の炭水化物含量は一般に低いとされ、材料の化学成分組成によってはスターターが発育できない可能性もある。そのため、スターターの能力を引き出すためにもショ糖などの炭水化物添加について検討する必要がある[15]。

以上、添加する菌株や発酵時の環境など検討する余地はあるが、好塩性乳酸菌の投入はヒスタミン生成菌抑制に有効な手段であると考えられた。

(2) 発酵環境中のヒスタミン生成菌の低減

発酵環境中のヒスタミン生成菌数の低減もヒスタミン蓄積抑制の上で重要な技術である。ヒスタミン生成菌の混入経路、汚染度合などを製造現場で把握し対策を講じることは、ヒスタミン生成菌数低減につながる確実な方法である。**図4.12**は、魚醤油加工場での工場内の洗浄によるヒスタミンとチラミン蓄積リスクの低減効果を示した

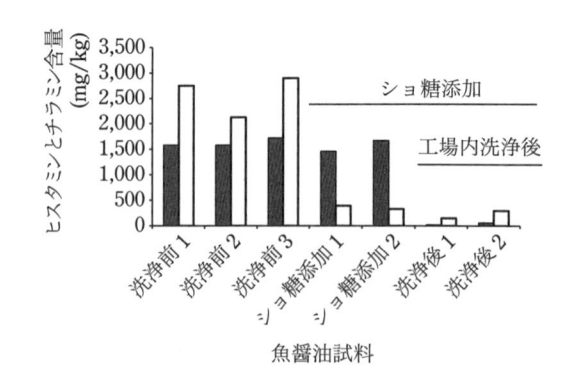

図4.12 発酵調味料製造における工場内洗浄、発酵副産物添加がヒスタミンおよびチラミン蓄積に及ぼす影響
■：ヒスタミン量、□：チラミン量

ものである。工場の洗浄を徹底し、発酵中の細菌相を制御することでヒスタミン蓄積を抑制しているのがよくわかる。

　また、別の工場ではあるが、ヒスタミン生成菌の分布を調べた結果、原料魚、食塩などからヒスタミン生成菌は検出されなかったのに対し、発酵用のタンクの排水口からヒスタミン生成菌が検出された。このような場所は一般生菌数も高く、洗浄しにくいため、ヒスタミン生成菌が残存したと考えられた。しかし、タンクの内壁など、もろみが直接接触する場所からヒスタミン生成菌は検出されず、ヒスタミン生成菌汚染の決定的要因は不明確であった。

　そこで、どの程度の菌数のヒスタミン生成菌がもろみに存在するとヒスタミン蓄積を引き起こすのか調査した。その結果、通常の検出方法では計数できないほど少数のヒスタミン生成菌によってヒスタミン蓄積が起こった（200グラムに1細胞）。つまり、ヒスタミンの蓄積はもろみ中に混入したわずかな菌により引き起こされたことになる。天然界に好塩性乳酸菌は広く存在しているので、魚肉や麹にもわずかながら混入し、ヒスタミン蓄積の犯人となっているのかもしれない。

　ヒスタミン生成菌の混入を完全に制御することは原料を加熱するなどして滅菌しない限り無理であるが、製造現場に棲みついている菌については工場内の洗浄である程度制御できる。工場内の洗浄を繰り返し、魚醤油仕込み液のpHを低く保つなど、いくつかの制御法を組み合わせることはヒスタミン蓄積を抑制する有効な手法であると思われる。

4.5　ヒスタミンに対する基準値と試料採取法

　ヒスタミンに対する基準は各国、各機関により定められている。日本には基準値はないが、日本から水産物を輸出する場合、相手国側の基準を順守する必要がある。ここでは、主な各国機関の基準値、サンプリング法を解説する。

4.5.1　各国のヒスタミンに対する基準値

　各国、各機関のヒスタミンに対する基準値、サンプリング法を**表4.7**にまとめた。例えば、米国のFDAの基準では、食品中に50mg/kg以上の濃度でヒスタミンが含まれていてはならず、さらに、1ロットの検査を行う際の検体数（抜き取り数）についても、同一ロットから18検体を抜き取り、全ての検体のヒスタミン含量が50mg/kg未満でなければならない。18検体のうち1つでも基準値を上回れば、何らかの処置がなされる。

　それに対して、ヨーロッパ（EU）では加工品ごとに基準値を設け、さらに、ロット内に対する基準も複雑である。生鮮品の場合、9検体を抜き取り、以下の要件を満たしていることが必要である。①平均が100mg/kg以下でなければならない、②2検体までは100〜

表 4.7 米国、EU および CODEX の、水産食品に対するヒスタミン規制

国、機関	対象品目	規　　制
米　国	マグロ、マヒマヒ、その他ヒスタミン様毒素生成魚	＜FDA・HACCP ガイド＞ ヒスタミン 500 ppm を toxicity level（毒性レベル）、50 ppm を defect action level（注意喚起レベル）とする。ヒスタミンは通常、鮮度低下した魚体内に均一に分布しているのではなく、もし一部にでも 50ppm 以上のサンプルが見いだされた場合には、その他の部分で 500ppm を超えるものがある可能性がある。
EU	EU サバ科およびニシン科ただし、これらの科に属する魚であって、塩水中で酵素的に発酵させたものは、高濃度のヒスタミンを含有することがありうることに鑑み、右記の値の 2 倍を超えないこと	＜EC 指令 91/493/EEC＞ 各バッチより 9 サンプルを抜きとり，次の基準に適合すること。 ―平均値が 100 ppm を超えないこと。 ―9 サンプルのうち、2 サンプルは 100 ppm 以上〜200 ppm 以下でもかまわない。 ―200 ppm を超えるものがないこと。 分析は、高速液体クロマトグラフィー（HPLC）などの、信頼性があり、科学的に承認された方法に基づき実施すること。
CODEX	魚類・水産製品のうち、ヒスタミンを生成するものについて	＜魚類水産製品取り扱い規範案＞ 品質（鮮度）低下の指標として 100 ppm 以下、安全性指標として 200 ppm 以下。

文献 4 および大日本水産会資料

200mg/kg に収まっていればよい、③ 200mg/kg を超える検体がない。

　どちらの検査法でもロット当たりの抜き取り検査数が多く、検査にはコストがかかることが予想される。将来的に、日本産水産物についても水産物のヒスタミン含量実態調査、毒性学的な解析、疫学調査などの結果をふまえて、何らかの基準値が設定される可能性がある。

4.5.2　サンプリングに関する問題点

　上述したように各国、各機関で基準値は設定されているが、サンプリング法（抜き取り検査の方法）については議論の余地がある。これは、水産物中でのヒスタミンの分布に起因するものである。4.3.1 で解説したように、生鮮魚や丸干しといったヒスタミンの蓄積が個体に依存しやすい食品については、ロット内でヒスタミンの分布が不均一である。

　例えば、ヒスタミン含量の平均値が同じ 2 つの食品があった場合、片方が液体食品で、もう一方が魚の丸干しであったとする。液体食品は一度大きなタンクで混ぜ合わせた後、瓶詰めしたため、各瓶のヒスタミン濃度の分布は平均値に非常に近いところに集中するはずである（分布図は非常に急な山型）。

　丸干しの場合は、各個体が持っているヒスタミン量がまちまちであり、非常に高濃度のヒ

4.5 ヒスタミンに対する基準値と試料採取法

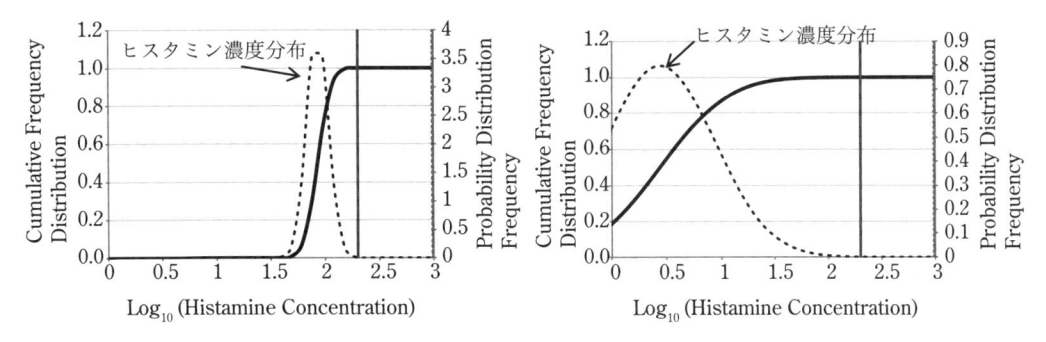

図4.13 食品中のヒスタミン濃度分布の違い
両図とも10,000検体に1つ、ヒスタミンを200ppm蓄積している食品のヒスタミン濃度分布。左図はロット内でヒスタミン濃度が均一。右図ではヒスタミン含量平均値は低いが、濃度分布が広い。点線：ヒスタミンの濃度分布。実線：検体の分布頻度（1.0で全数）（文献4より改変）

スタミンを持つものから全く蓄積していないものまで同じロットに含まれている。つまり、分布図をかくと、平均値を中心になだらかな裾野を持つ山型を示す。前者の場合は、平均値を大きく外れて食中毒を引き起こすような高濃度の検体が存在する確率は非常に低いが、後者は高濃度の検体がある程度含まれている可能性がある。

図4.13は10,000検体に1つ、ヒスタミンが200mg/kg蓄積している食品のヒスタミン濃度分布を示している。左図では平均ヒスタミン濃度は高いがヒスタミン濃度のバラツキが少なく、平均から大きく外れた検体の存在は少ないと言える。

一方、右図では平均値は低いものの、ヒスタミン濃度の分布が広く、平均値からかなり離れた濃度の検体が存在することがわかる。どちらもヒスタミンを200mg/kg蓄積している検体が存在する確率は同じである。つまり、抜き取りの個数、データの解析手法が適切でないとリスクを正しく評価できない。

このように、加工形態ごとにヒスタミンの存在形態が大きく異なる水産物については、科学的根拠に基づいたサンプリング方法の確立が望まれる。

◆ 文　献

1) Hungerford J. M.: *Toxicon.* 56, 231-243 (2010)
2) Ladero V., Calles M., Fernández, M., Alvarez, M. A.: *Curr. Nutrit. Food Sci.* 6, 145-156 (2010)
3) 登田美桜, 山本　都, 畝山智香子, 森川　馨：国立衛研報 127, 31-38 (2009)
4) FAO, WHO: Joint FAO/WHO Expert Meeting on the Public Health Risks of Histamine and Other Biogenic Amines from Fish and Fishery Products. (2012) http://www.fao.org/fileadmin/user_upload/agns/pdf/FAO-WHO_Expert_Meeting_Histamine.pdf
5) 大日本水産会：ヒスタミン食中毒防止マニュアル (2009)
6) 藤井建夫：日本食品微生物学会雑誌 23, 61-71 (2006)
7) Torido Y., Takahashi T., Kuda T., Kimura B.: *Food Control* 26, 174-177 (2012)

8) 栗原欣也 , 我妻康弘 , 藤井建夫 , 奥積昌世：日水誌 59, 1401-1406 (1993)
9) Kanki M., Yoda T., Tsukamoto T., Baba E.: *Appl. Environ. Microbiol.* 73,1467-1473 (2007)
10) Fujii T., Kurihara K., Okuzumi M.: *J. Food Prot.* 57, 611-613 (1994)
11) Satomi M., Kimura B., Mizoi M., Sato T., Fujii T.: *Int. J. Syst. Bacteriol.* 47, 832-836 (1997)
12) Satomi M., Furushita M., Oikawa H., Yano Y.: *Int. J. Food Microbiol.* 148, 60-65 (2011)
13) Satomi M., Mori-Koyanagi M., Shozen K., Furushita M., Oikawa H., Yano Y.: *Fish Sci.* 78, 935-945 (2012)
14) 乳酸菌研究集団会：乳酸菌の科学と技術. 学会出版センター (1996)
15) 里見正隆：醸協 107, 842-852 (2012)
16) Landete J. M., Ferrer S., Pardo I.: *J. Appl. Microbiol.* 99, 580-586 (2005)
17) de las Rivas B., Rodríguez H., Carrascosa A.V., Muñoz R.: *J. Appl. Microbiol.* 104, 194-203 (2008)
18) Yokoi K., Harada Y., Shozen K., Satomi M., Taketo A., Kodaira K.: *Gene* 477, 32-41 (2011)
19) Satomi M., Furushita M., Oikawa H., Yoshikawa-Takahashi M., Yano Y.: *Int. J. Food Microbiol.* 126, 202-209 (2008)
20) Furutani A., Harada Y., Shozen K., Yokoi K., Saito M., SAtomi M.: *Fish Sci.* 80, 93-101 (2014)
21) 須山三千三 , 鴻巣章二：水産食品学. 恒星者厚生閣. 1999
22) 中里光男 , 小林千種 , 山嶋裕季子 , 立石恭也 , 川合由華 , 安田和男：東京衛研年報 53, 95-100 (2002)
23) 佐藤常雄 , 木村　凡 , 藤井建夫：食衛誌 36, 765-768 (1995)
24) CODEX　　http://www.codexalimentarius.org
25) 山中英明 , 塩見一雄 , 菊池武昭 , 奥積昌世：日水誌 50, 685-689 (1984)

第 5 章 寄 生 虫

　水産加工品の衛生管理において想定される危害要因の1つとして、寄生虫や異物の混入、異常肉などがある。

　寄生虫などの異物混入は、HACCPにおいては物理的危害要因とされている。一般財団法人食品産業センターのHACCP関連情報データベースでは、過去に発生した食品に対する異物混入に関する苦情事例291例の情報が提供されており、水産食品とその加工品に対する事例は125例と、全体の43％を占めている。**図5.1**に示したように、水産食品とその加工品への異物混入事例のうち寄生虫が混入していた事例は、健康被害が報告されている寄生虫（15％）、健康被害が報告されていない寄生虫（29％）を合わせて44％であり、水産物への異物混入のうち半数弱が寄生虫によるものであった。

　一方、平成25年度食中毒統計（厚生労働省）によれば、食中毒の発生原因に占める寄生虫の割合は10％前後であることから、寄生虫は、水産物の衛生管理上軽視できない問題であるといえる。

　静岡県水産技術研究所には水産加工業者や水産物販売業者、あるいは一般消費者から水産物や水産加工品中の寄生虫や異物などに関する相談が、毎年十数～数十件寄せられている。

　本章では、当研究所の前身である静岡県水産試験場の時代から現在に至るまでに持ち込まれた寄生虫や異物、異常肉に関する相談事例のうち、健康被害が報告されている寄生虫や持ち込み件数が多かった寄生虫や異物に関する事例について写真を用いて紹介するほか、

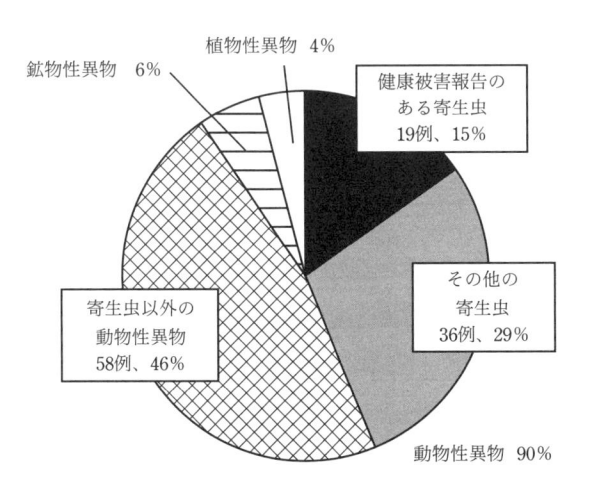

図5.1 水産食品とその加工品に対する異物混入に関わる苦情の内訳

異常肉として持ち込まれた事例についてもあわせて紹介する。

<**本章で紹介する寄生虫の分類**[1]>

原生動物	粘液胞子虫類		
扁形動物	吸虫類	ディディモゾイド科	
	条虫類	テンタクラリア属	
		ニベリニア属	
線形動物	線虫類	**アニサキス属**	**アニサキス**
		テラノーバ属	**シュードテラノーバ**
		フィロメトロイデス属	
節足動物	甲殻類	カイアシ類	ペンネラ
		等脚類	ウオノエ
			グソクムシ
			スナホリムシ
			ヘラムシ
			アミヤドリムシ

太字の寄生虫：健康被害の報告事例があるもの

■ 健康被害の報告事例がある寄生虫

(1) アニサキス（線虫類の幼虫）[3]

形　態：半透明白色で、渦巻状の幼虫がシストに入った状態で発見されることが多いが、渦巻状あるいは円形の幼虫が単独で発見されることもある。内臓に寄生することが多い。

体長は 2～3 cm で、体節および鉤を有する吻はない。

病害性：最終宿主が人ではないので、幼虫は人体内では成虫にならない。

魚に寄生している幼虫を摂取しても通常はそのまま排泄されるが、幼虫が人の胃や腸に留まると、激しい腹痛、吐き気、嘔吐などの症状が現れる。

予防法：魚類を**冷凍処理**する。

中心部まで**十分に加熱**する。

寄生している魚類が死ぬと、寄生虫は内臓表面から筋肉部に移行するといわれているので、魚類の死後**直ちに内臓を除去**する。

寄生事例：サバ類の肝臓、スルメイカ、ヒラメ、タラ、イワシ、サケ、サワラ、マス、サンマ、アジ、ニシン、アンコウなど。

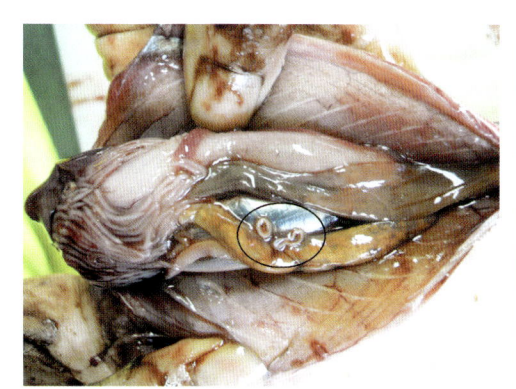

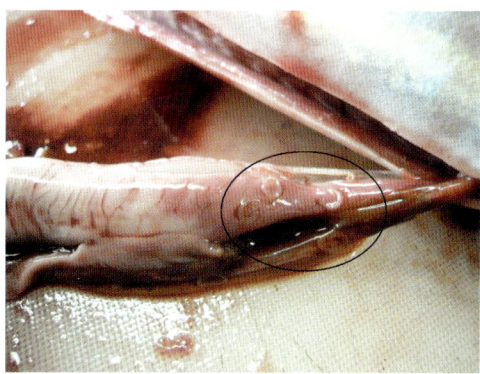

サバの内臓に寄生していたアニサキス幼虫

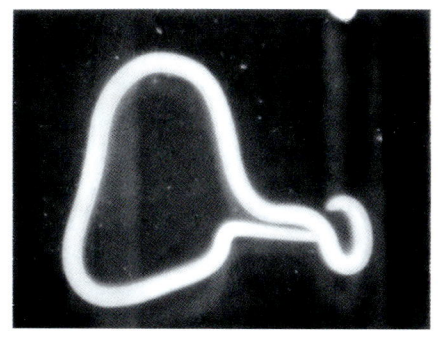

サバの肝臓に寄生していたアニサキス幼虫
3～4mm の袋状のシストの中に渦巻状に入っていた

120　　　　　　　　　　　　　第5章　寄　生　虫

(2)　シュードテラノーバ（線虫類の幼虫）[3]

形　態：アニサキスの仲間だが、一般的にはアニサキス幼虫と異なり渦巻状にならず、大
　　　　きさはアニサキスより大きい。
　　　　体色は茶色～茶褐色で、体節および吻はない。
　　　　体表はなめらかで、微小な小突起は見られない。
病害性：魚類に寄生している幼虫を摂取後2～10時間後に、激しい腹痛、嘔吐、胸やけ、
　　　　下痢、じんましん様発疹、吐血等の症状が現れる。
予防法：アニサキスと同じ。
寄生事例：ホッケ、タラ類、メルルーサ、イカ類、イワシなど。

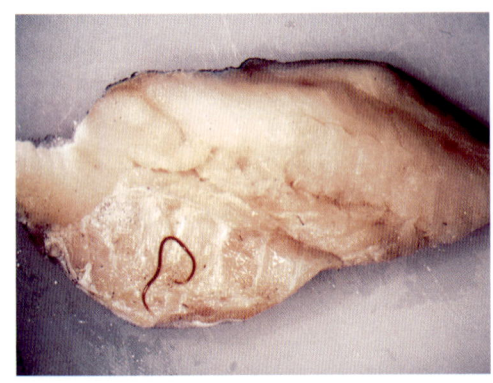

タラ（切り身）に寄生していた
シュードテラノーバ

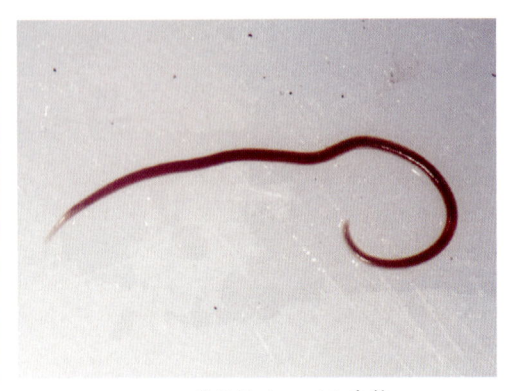

シュードテラノーバの虫体
（体長：4.6cm）

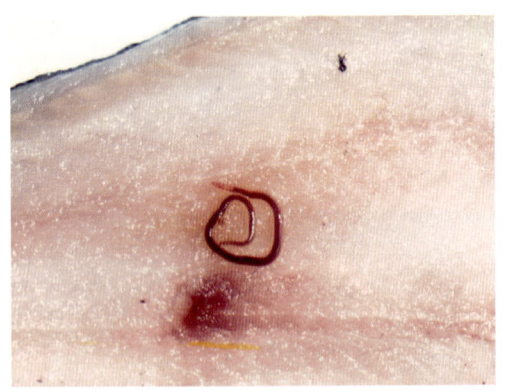

ホッケ（干物）に寄生していたシュードテラノーバ

■ 人体に寄生した報告事例のない寄生虫

(1) 粘液胞子虫類のシスト[4]：持ち込み事例が最も多かった寄生虫

形　態：粘液胞子虫類は原生動物の原虫類に属しており、シストと呼ばれる白い袋の状態で寄生し、魚介類の筋肉中に点在している。
　　　　シストの大きさは、米粒大（1〜2mm）〜あずき大のものが多い。

寄生事例：カツオ、マグロ、アジ、サバ、メルルーサ、キングサーモン、ミナミダラ、キチヌなど。

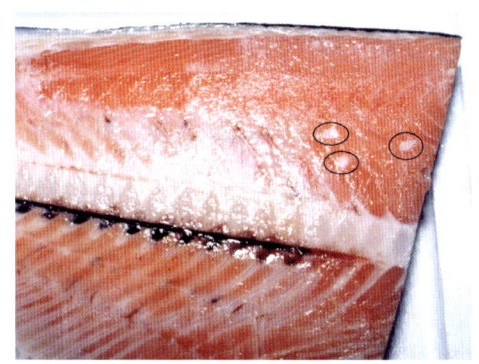

キングサーモン（切り身）に寄生していた

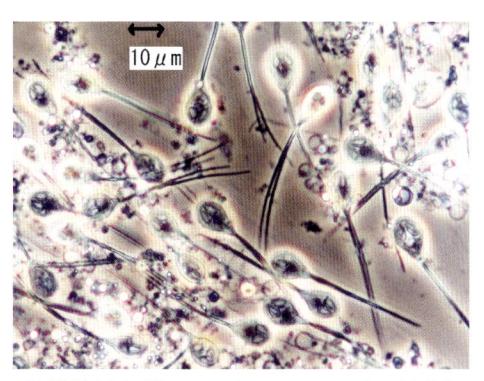

粘液胞子虫類のシスト。シストの中の粘液胞子虫の胞子（*Henneguya* spp.）

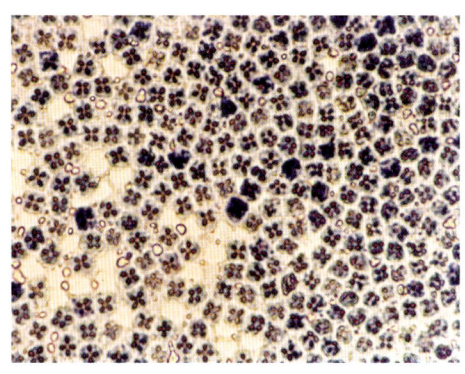

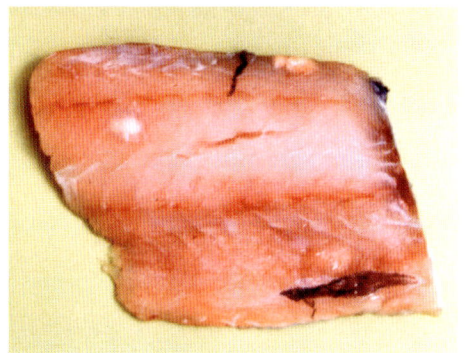

メルルーサ（切り身）に寄生していた
粘液胞子虫類のシスト（上図左右）

左：シストの中の粘液胞子虫の胞子
（*Kudoa* spp.　胞子の大きさ：約 10 μm）

122 第5章 寄 生 虫

キメジ（たたき）に寄生していた
粘液胞子虫類のシスト

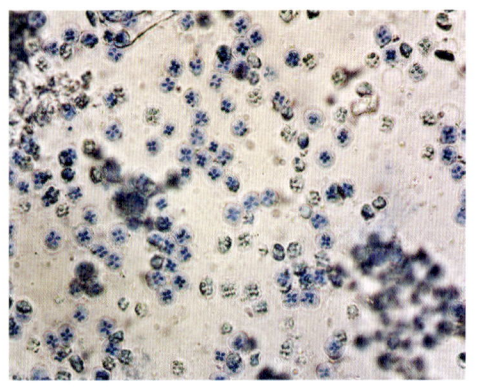

シストの中の粘液胞子虫の胞子
(*Kudoa* spp. 胞子の大きさ：約 10 μm)

キチヌに寄生していた
粘液胞子虫類のシスト

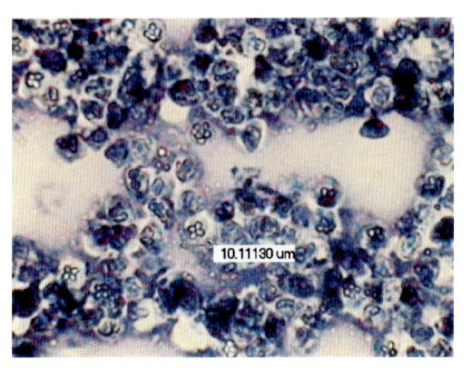

シストの中の粘液胞子虫の胞子
(*Kudoa* spp.)

メバチマグロに寄生していた
粘液胞子虫類のシスト

(2) ディディモゾイド[5]（吸虫類の成虫）

形　態：棒状、球状、紐の塊状など形は様々で、袋に入った状態で発見されることが多い。

　　　　虫が生きているときは黄色～オレンジ色だが、死後黒色に変色する。

　　　　海産魚のえら、ひれ、筋肉、ハラモ部分などに寄生する。

　　　　カツオでは、皮のすぐ下に寄生している事例が多い。

寄生事例：カツオへの寄生事例が圧倒的に多く、カツオ以外ではメバチマグロ、カマス、サワラなど。

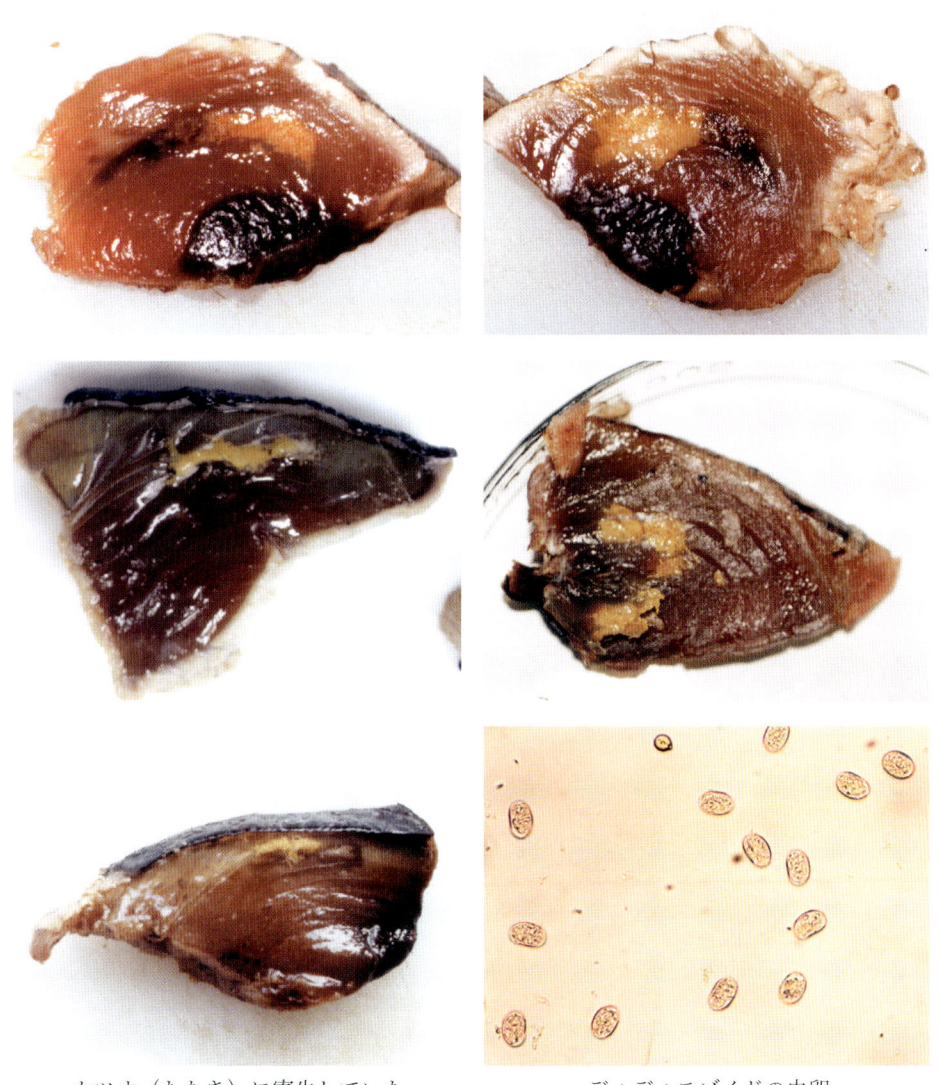

カツオ（たたき）に寄生していた
ディディモゾイド

ディディモゾイドの虫卵
（虫卵の大きさ：約 20 μm）

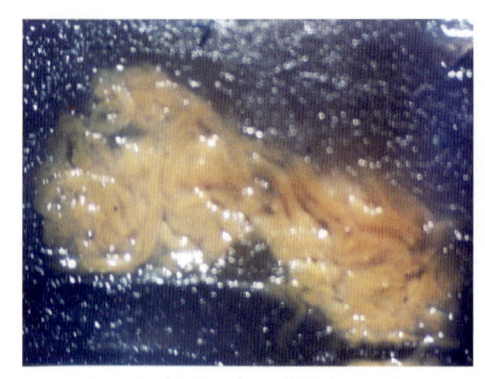

カツオ（たたき）に寄生していた　　　　　カツオ（たたき）に寄生していた
紐の塊状のディディモゾイド　　　　　　　　球状のディディモゾイド

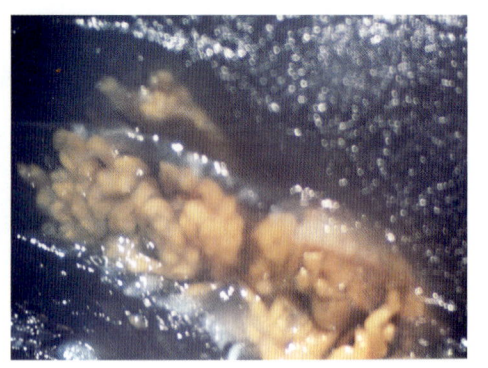

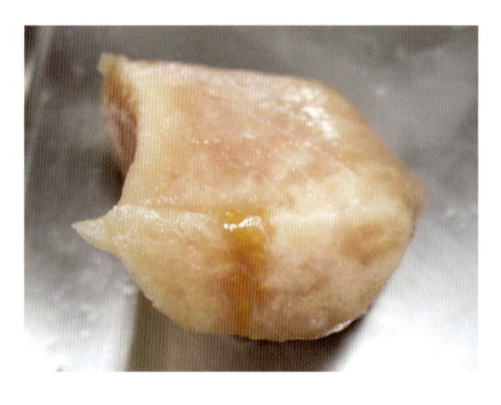

ビンナガに寄生していた
ディディモゾイド

(3) ペンネラ[6]（カイアシ類）

形　態：体はイカリ状の頭胸部と紐状の尾部からなり、頭胸部を筋肉中に深く食い込ま
　　　　せ、尾部は魚体外に出した状態で寄生している。
　　　　頭胸部が寄生している筋肉部分が大きな潰瘍になっていることが多い。
　　　　サンマに寄生しているものを、サンマヒジキムシという。
寄生事例：メカジキ、ビンナガなど。

ビンナガマグロの加熱肉に寄生していた　　　　メカジキに寄生していたペンネラ
ペンネラ

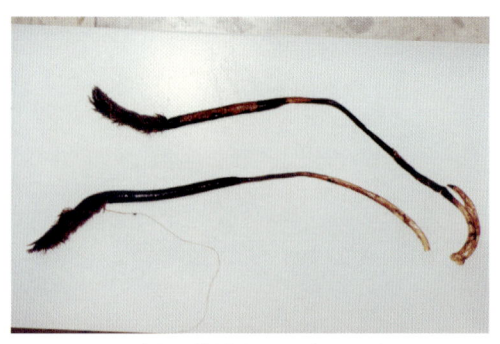

(4) フィロメトロイデス[7,8]（線虫類の成虫）

形　態：体は細長く円筒状、紐状で、大きいものでは体長 50cm になる。
　　　　体表に微小な突起が無数に存在する。
　　　　筋肉や皮下に長く伸びて寄生するが、内臓やハラモ部分には寄生しない。
　　　　ブリに寄生しているものを、ブリ糸状虫という。

寄生事例：ブリ、カツオなど。

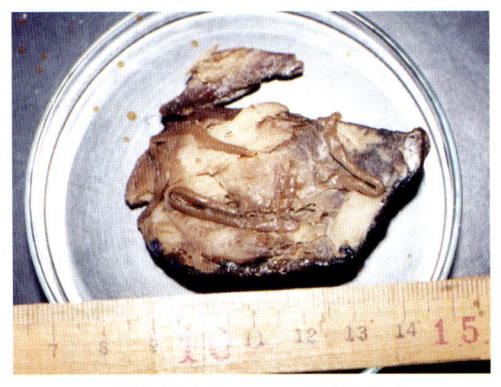

ブリに寄生していたブリ糸状虫　　　　　　ブリ糸状虫

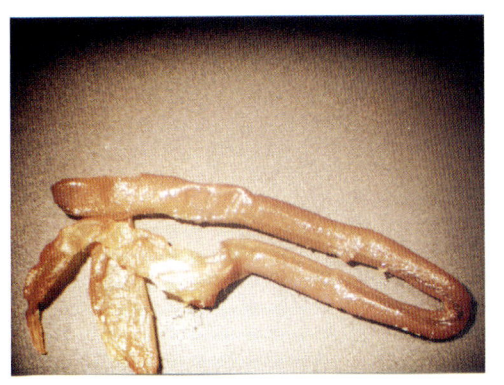

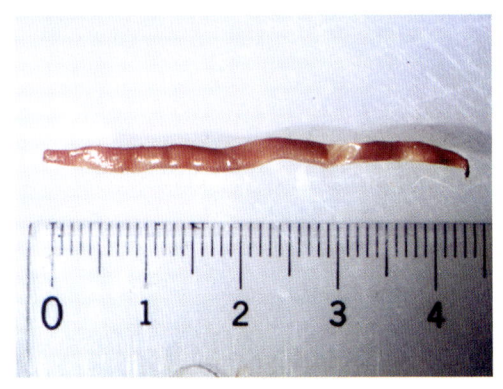

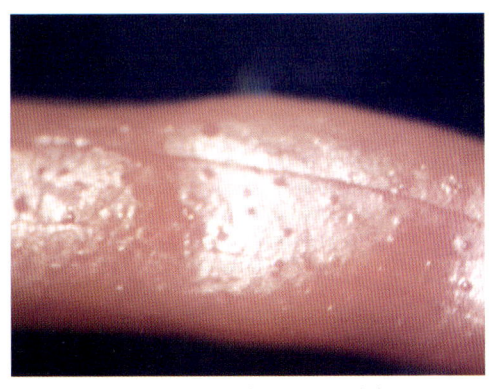

ブリ（切り身）に寄生していたブリ糸状虫　　ブリ糸状虫体表の微小な突起

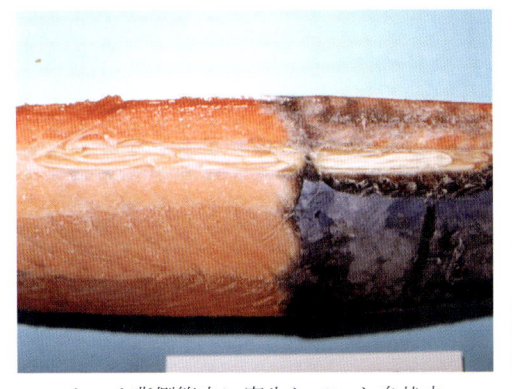

カツオ背側筋肉に寄生していた糸状虫　　　　糸状虫

(5) 等　脚　類[9]

形　態：一般に平たく楕円形で、体長は 1〜2cm 程度のものが多い。

　　　　フナムシの仲間で、魚介類に寄生するものには、タイノエ、グソクムシ、ウオノコバン、ヤドリムシなどがある。

　　　　魚類体表に付着するものが多く、体表以外では口、えら、ひれなどに付着する。

　　　　寄生はしないが、しらす加工品などへの混入物（異物）としての持ち込み事例も多い。

寄生事例：アジ、カツオ、サクラエビなど。

アジ（切り身）に寄生していたウオノエ類 　　　カツオ（血合肉）に寄生していたウオノエ類

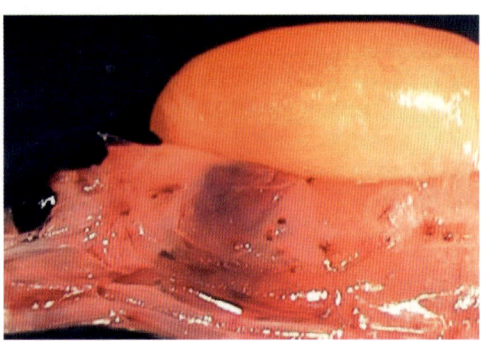

サクラエビに寄生していたアミヤドリムシ

<しらす加工品に混入していた異物>

スナホリムシ類 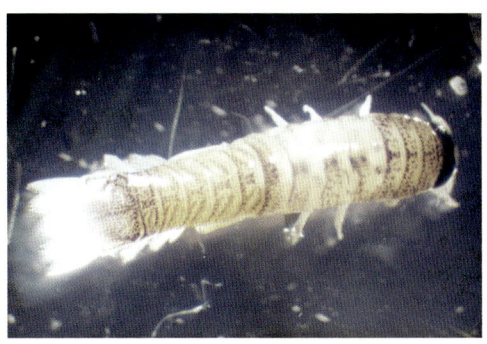　　　　　　　　　　　　　グソクムシ類

ヘラムシ類

　以下の3種は口に入れるとチクチクするので、しらす加工品の商品価値を著しく低下させる。

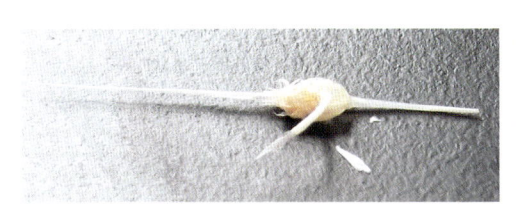

カニダマシ類幼生
形から通称「人工衛星」と呼ばれる

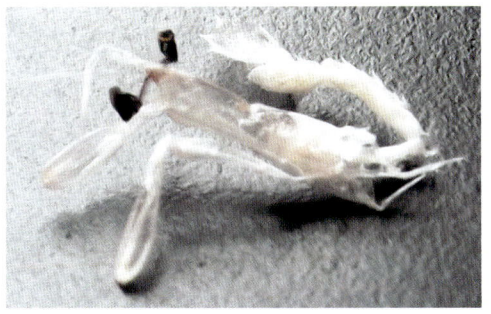

シャコ類幼生

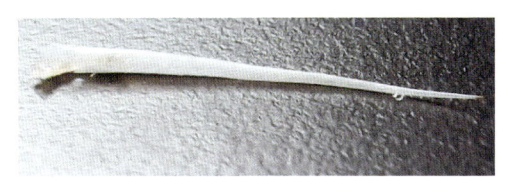

ウキヅノガイ
通称「チクチク」と呼ばれる

(6) テンタクラリア属またはニベリニア属の幼虫（条虫類）[10]

形　態：テンタクラリア属の幼虫は、カツオ、サバ等のハラモでよく発見される。
　　　　幼虫は乳白色、楕円形に近く、頭部に4本の小さな吻がある。
　　　　ニベリニア属の幼虫は、テンタクラリア属の幼虫とよく似ている。
　　　　大きさは5mm程度で、テンタクラリア属の幼虫より小さい。
　　　　いずれもカツオ、スルメイカなどのハラモや筋肉中で発見される。

寄生事例：カツオ、サバ、スルメイカなど。

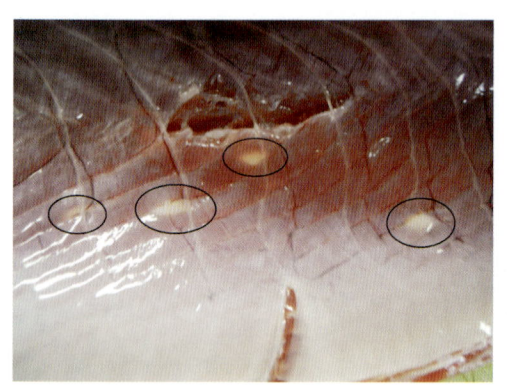

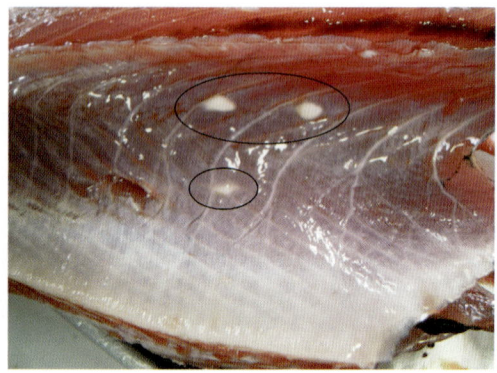

カツオのハラモに寄生していたテンタクラリア属の幼虫

テンタクラリア属の幼虫、大きさ：5〜8mm 　　　スルメイカに寄生していたテンタクラリア属またはニベリニア属の幼虫

■ 異常肉について

　魚肉の性状が本来のものと異なっており食品として好ましくない状態のもの、あるいは好ましくない状態に変化したものなど、商品価値が低下したものを一般的に「異常肉」と呼ぶ。

　異常肉には、鮮度保持、凍結貯蔵、解凍処理、加熱処理等が不適当であるために生じる異常肉のほか、寄生虫が寄生しているもの、異物が混入しているものなどが含まれるが、原因がわかっているものばかりではなく、詳しい性状や原因についての研究が全く行われて

おらず、原因不明の異常肉も数多く存在する。

　ここでは、寄生虫が原因とされる異常肉と、原因不明の異常肉について紹介する。

(1)　ジェリーミート [2,11]

　ジェリーミートとは、魚の筋肉が、腐敗とは無関係にどんどん軟化していき、最終的にはドロドロの状態になるまで崩壊液化した魚肉のことである。

　ジェリーミートには、魚の筋肉への粘液胞子虫の寄生が原因であるタイプと、産卵後の筋肉の生理的異常が原因であるタイプの、少なくとも2種類が確認されている。

　本稿では、粘液胞子虫の寄生が原因とされるジェリーミートについて紹介する。

　発生頻度が最も高く、必ず粘液胞子虫の胞子が検出される典型的なジェリーミートは、アズキ型と呼ばれている。ジェリー化の初期には筋肉中に径2〜5mm、長さ5〜20mmの穴が多数存在し、蜂の巣状に見えることもある。ジェリー化の進行とともに、筋肉は軟化し、ついには筋肉全体が崩壊し液状になるが、血合肉はジェリー化しない。

　ヒラメやカレイにおいて散見される、粘液胞子虫やその他の寄生虫は検出されないものの、骨と皮を残し筋肉全体が液化するジェリーミートはフクロ型と呼ばれ、これはプロテアーゼの作用によるものとされている。

　ジェリー化は魚の死後、急速に進行する。冷凍魚では解凍とともにジェリー化が始まる。

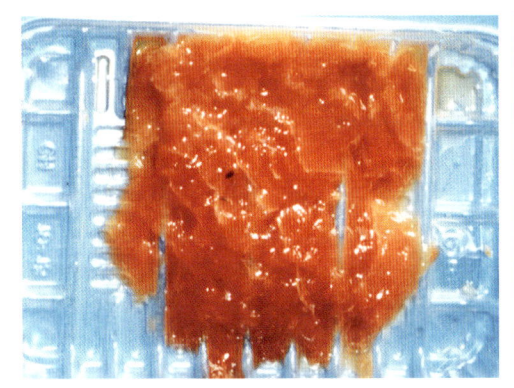

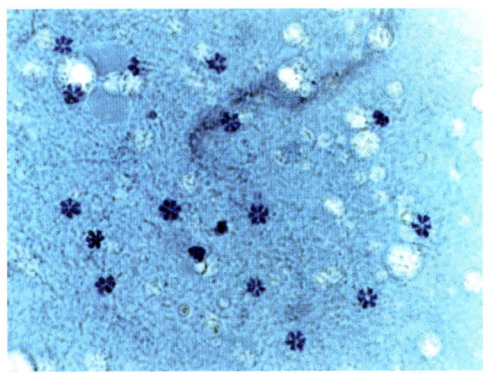

液化したキハダマグロ　　　　　　　粘液胞子虫の胞子（*Hexacapsula* spp.）

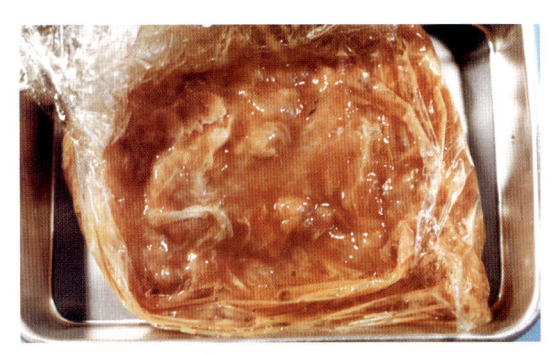

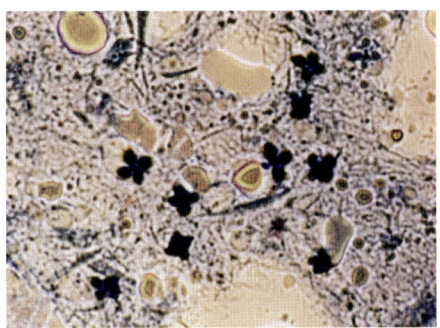

液化したシマガツオ　　　　　　　　粘液胞子虫の胞子（*Kudoa* spp.）

第 5 章 寄 生 虫

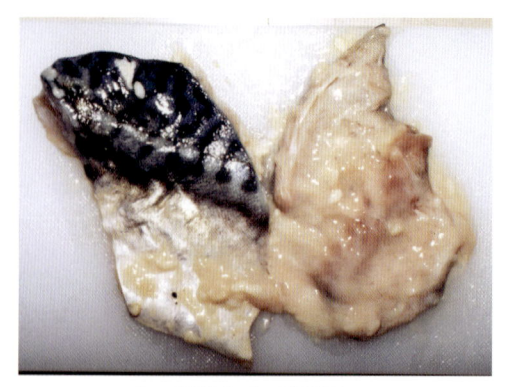

右：正常なサバ麹漬け
左：液化したサバ麹漬け

上：正常なサバ切り身
下：液化したサバ切り身

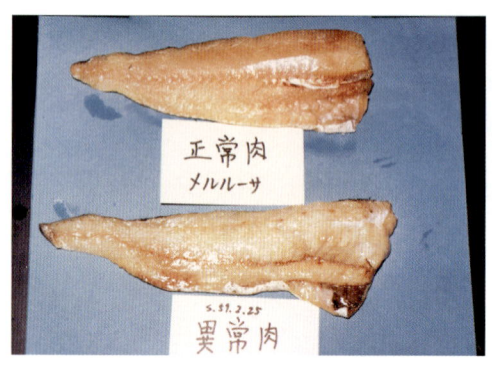

上：正常なメルルーサの切り身
下：軟化したメルルーサの切り身

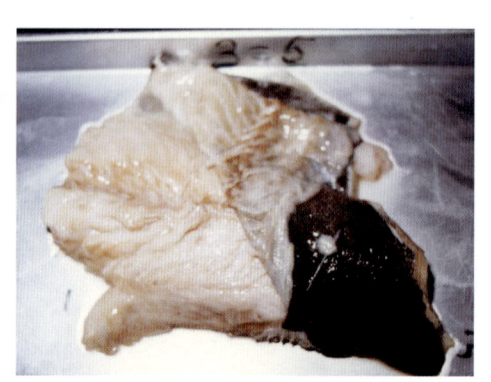

軟化したギンダラ

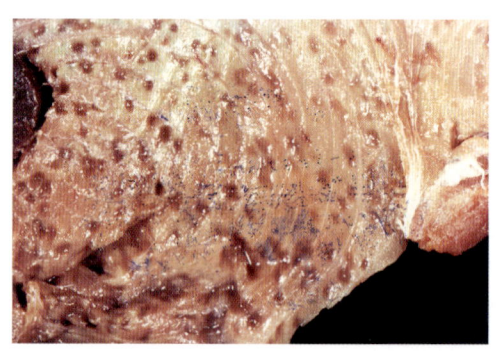

表面が蜂の巣状になった
メバチマグロ

(2) 原因不明の異常肉

当所に持ち込まれた相談事例のうち原因を特定できなかった異常肉について、写真とともに紹介する。

＜サシ＞

メバチマグロ、カツオに多く、キハダでも見られる異常肉で、筋肉中に通称「サシ」といわれる空胞が見られる。空胞内に米粒～あずき大の白色半透明の異物が見られることもあるが、粘液胞子虫は検出されない。

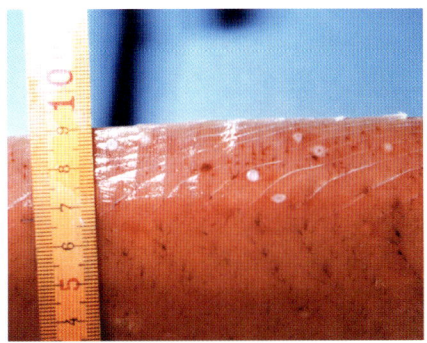

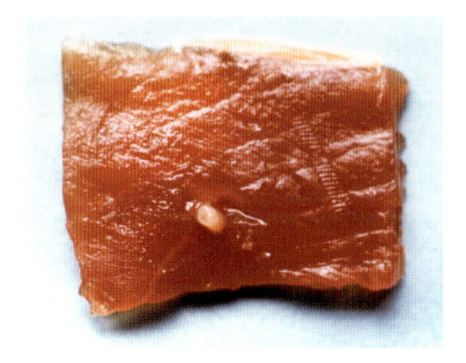

メバチマグロに見られた白色の異物

＜スミ＞

当所では、筋肉中に見られる原因不明の水溶性の黒色の異物を「スミ」と呼んでいる。

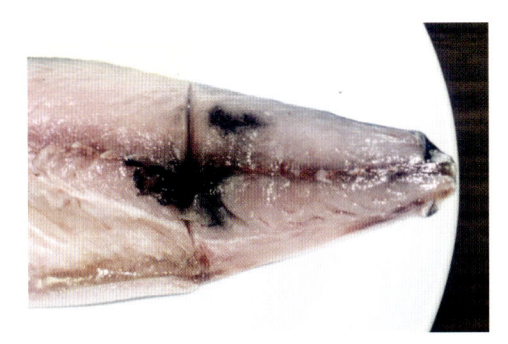

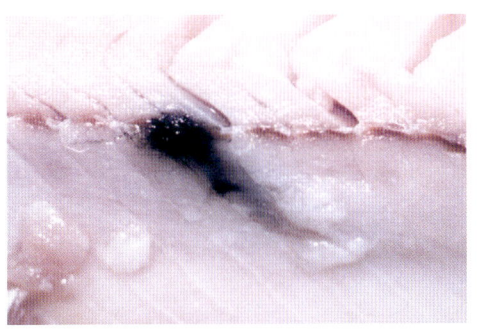

マサバに見られた黒色の異物

<ヤマイ>

カツオやマグロの筋肉が部分的に変色、着色したものや、原因不明の異常肉などを当所では総称して「ヤマイ」と呼んでいる。

カツオのたたきの異常肉（変色）

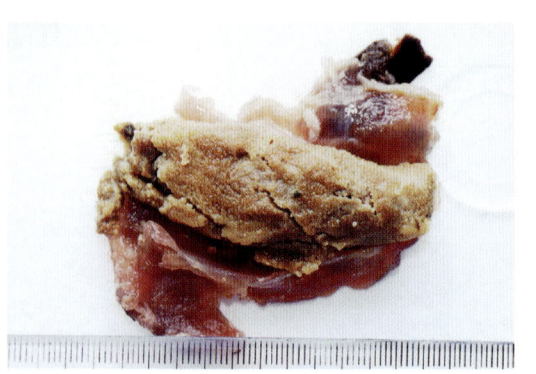

カツオのたたきの筋肉中に埋没していた茶褐色の異物

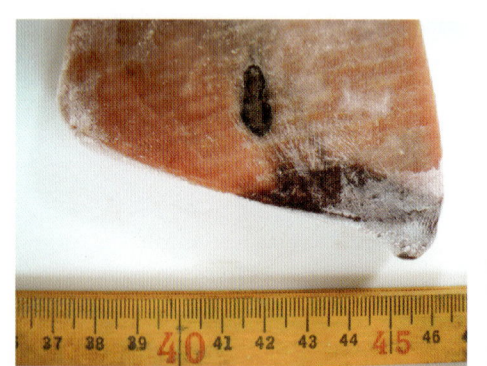

キハダマグロの筋肉中の黒色の異物

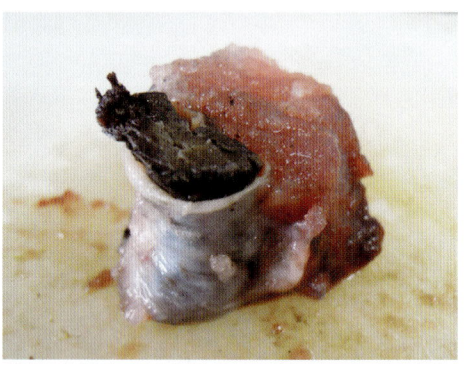

黒色異物は袋状の膜に覆われていた

ビンナガのたたき中の濃緑色の異物

ビンナガのたたき中の緑色の異物

人間の管理下で衛生面に配慮された環境下で飼育されている家畜などと異なり、自然界において自由に生息している魚介類のほとんどは、あらゆる寄生虫に感染する危険にさらされており、寄生虫が魚介類に寄生することを防ぐ手法はない。特に、寄生虫の最終宿主であるクジラやイルカが多く生息している海域では、クジラやイルカに寄生している寄生虫の成虫が産んだ卵が、クジラやイルカの糞とともに海中に排出されることにより、その海域で漁獲された魚介類では寄生虫の発見率が高いという説もある。

　ただ、本章の最初に紹介した2種類を除き、大半の寄生虫は、現時点では人間に健康被害を及ぼしたという事例は報告されていない。

　なお、寄生虫は熱に弱いため、60℃以上に加熱されたものであれば死滅している。また、寄生虫は凍結することによっても死滅することがわかっており、通常、－20℃以下の温度に24時間以上保てば死滅させることができるとされている。

　つまり、寄生虫は水産物の衛生管理上軽視できない問題ではあるが、寄生虫による健康被害（食中毒）に細心の注意を払う必要があるのは、生鮮魚を加熱せずに食べる場合に限られており、解凍魚や加熱加工品においては、直接的な健康被害の危険性はほとんどないといえる。しかし、寄生虫の存在は、嫌悪感や不快感を与えるなど食品としての価値を著しく低下させ、クレームの対象となっている。

　本章の説明や写真などが、魚介類を取り扱う現場において寄生虫が発見された際に、何かの参考になれば幸いである。

■ 文　　献

1) 東京都市場衛生検査所編：魚介類の寄生虫ハンドブック第1巻．第三刷, 5, 東京都 (1991)
2) 小長谷史郎：魚の異常肉．さかな（東海区水産研究所業績C集）. 38, 51-59 (1987)
3) 東京都市場衛生検査所編：魚介類の寄生虫ハンドブック第1巻．第三刷, 30-32, 東京都 (1991)
4) 東京都市場衛生検査所編：魚介類の寄生虫ハンドブック第2巻．第二刷, 27-30, 東京都 (1990)
5) 東京都市場衛生検査所編：魚介類の寄生虫ハンドブック第1巻．第三刷, 16, 東京都 (1991)
6) 東京都市場衛生検査所編：魚介類の寄生虫ハンドブック第2巻．第二刷, 11-12, 東京都 (1990)
7) 東京都市場衛生検査所編：魚介類の寄生虫ハンドブック第1巻．第三刷, 39, 東京都 (1991)
8) 市原醇郎：水産物と寄生虫について．*New Food Industry* 25(3) 56-67 (1983)
9) 東京都市場衛生検査所編：魚介類の寄生虫ハンドブック第2巻．第二刷, 19-22, 東京都 (1990)
10) 東京都市場衛生検査所編：魚介類の寄生虫ハンドブック第1巻．第三刷, 23-24, 東京都 (1991)
11) 小長谷史郎：異常性状の魚肉：ジェリーミートとヤケ肉．日本食品工業学会誌 29(6), 379-388 (1982)

■編著者 プロフィール

平塚 聖一（ひらつか せいいち）

静岡県経済産業部水産業局水産振興課水産振興班　班長

東京水産大学（現 東京海洋大学）水産学部卒業。静岡県立大学大学院生活健康科学研究科博士課程修了。博士（食品栄養科学）。1989年、静岡県入庁。水産試験場（現 水産技術研究所）、工業技術センター（現 工業技術研究所）で水産物の利用加工、健康機能などの研究に携わる。特に水産加工の際に排出される低未利用部位の付加価値向上研究に長く取り組む。著書に「水産食品HACCPの基礎と実際」、「抗ストレス食品の開発と展望Ⅱ」（いずれも分担執筆）などがある。

地域水産物を活用した
商品開発と衛生管理

Credit

編著者：平塚 聖一
発行者：夏野 雅博
発行所：株式会社　幸 書 房
　　　　〒101-0051　東京都千代田区神田神保町2-7
　　　　TEL 03-3512-0165　FAX 03-3512-0166
　　　　URL　http://www.saiwaishobo.co.jp

組　版：デジプロ
印　刷：シナノ
カバーデザイン：クリエイティブ・コンセプト

初版第1刷　発行　2014年11月30日

Printed in Japan / Copyright Seiichi HIRATSUKA
ISBN978-4-7821-0394-4　C3062
無断転載を禁じます。

|JCOPY| ＜（社）出版者著作権管理機構 委託出版物＞
本書の無断複写は著作権法上での例外を除き禁じられています。複写される場合は、そのつど事前に、（社）出版者著作権管理機構（電話 03-3513-6969、FAX 03-3513-6979、e-mail：info@jcopy.or.jp）の許諾を得てください。